U0145100

生物力學

歐耿良　魏鴻文　著

推薦序

　　生物力學學門在複雜的生物醫學工程領域，是相當基礎且實際應用層面非常廣闊的專業科學。舉凡醫院骨科、復健科對人體動作、關節運動、骨骼肌肉結構、脊柱支撐、體態平衡、步態行為等之分析、整斷及治療，醫院齒科對顱顏牙齒矯正、修補、治療，以及醫院心臟科對心、血管之血液循環動力分析等，都需要生物力學之科技知識，協助醫師藉由醫學工程之技術，達成臨床所需的重要應用。

　　我國之生物醫學工程教育，過去三十多年來，已踏實的培育許多極為優秀之醫學工程人材。面對現今，全球生技醫療應用持續擴展，生醫產業技術快速推陳出新的情況，對於想跨入醫學工程領域之各行各業工程專家，以及在大學中，已具備基本工程背景，又有興趣進行生醫跨領域研究的研究生與教師，如果能有一本全方位之專業工具書，內容涵蓋基本理論以及臨床應用，循序漸進的引導讀者，踏入此一最具未來發展潛力之學門，實是我國醫學工程教育極為重要之基礎。

　　欣聞「生物力學」一書即將出版，兩位學養豐厚的作者，皆是在生物力學領域有卓越研究成就之學者，他們運用努力多年的研究心得，以淺顯易懂的文字，整理出這一本理論基礎與臨床實際應用兼顧的好書，

對於初學者或在各層面涉及此領域之工程人員，均能提供非常務實的知識與學習引導。本人特藉此表達敬佩之意，亦期盼此書能激起更廣大的共鳴，爲我國生物醫學教育，溢注嶄新知識，再創新局。

林康平　特聘教授

中原大學 電機工程系、研究所（1986～）
中原大學 醫療器材科技轉譯中心主任（2010～）
台灣生物醫學工程學會理事長（2007~2010）
台灣分子影像學會理事（2009~2015）
國際生物醫學工程聯盟 IFMBE News 主編（2009~2015）

自序

　　生物力學是一門跨領域的學科，藉由工程師參與臨床醫學問題的探討，使得臨床上治療手段及新器材能夠日新月異，賦予臨床更新的了解與解答。經過30多年的驗證，生物力學也的確爲臨床醫學的發展起了重要作用。爲了適應日益精進的醫療科技與殷切的醫療需求，「臨床實證」與「生物力學」的結合仍是最好的模式，這也代表生物力學這種具有「合作」本質的學科在生物醫療科技是最具有臨床應用價值的知識。臨床專業人員應該需要了解力學的原理與應用；而熟知力學原理的工程人員則應知道臨床上所遇到的問題與需求，如此結合相成，才能發揮生物力學的最大力量，爲患者的健康做出最大的貢獻。

　　在作者求學及從業過程中，在國內將生物力學基本理論與臨床應用統整介紹的書本相當的少，對於學生、臨床專業人員及醫療器材產業人士缺少一本知識參考的書籍。有感於此，作者在撰寫這本參考書時的目標設定爲將生物力學知識轉化爲臨床應用的基本教材，將人體運動、復健治療、臨床手術及患者照護的概念，以生物力學的角度來加以介紹。研究領域可包含口腔、牙科、骨科、神經外科、運動醫學科、復健科、物理治療、職能治療等。當然，作者本身對醫學工程具有豐富的涵養與經驗，因此本書對於工程人員更具有引導及參考價值，對於想要了解或從事生物力學相關臨床工作或產業研發的讀者，本書可以是你們良好的學習夥伴，可以進一步了解生物力學設計的原理與常見臨床治療的器材

及其原則。當你了解基本的生物力學原理，你將會更了解肌肉骨骼系統的疾病。

　　由衷感謝教育部於『產業先進設備人才培育計畫』之補助與推行，讓我們有機會來擔任本書的作者，並好好的回顧過去所做過的學問來完成本書，知識是經驗的累積，曾經指導我們的前輩及臨床醫師都是完成這本書的背後推手，在此真心謝謝他們。

歐耿良　魏鴻文

目錄

第五章 ｜ 上肢關節解剖與生物力學 ·············· *141*

第一章　生物力學簡述

　　近年來，生物力學的相關議題在各領域持續發展，同時亦有許多令人振奮的新發現。由於時代進步與設備的改良，骨科研究的範圍變得相當廣泛，議題有小至細胞的力學刺激反應，亦有大至肢體的動作分析。生物學與力學間的關係可謂是近來最熱門的課題，而相關的新興研究報告包含應用骨與軟骨病理學的遺傳基礎探討，骨質疏鬆及退化性關節炎等常見的病症機制。其他熱門探討的骨骼肌肉相關議題包括組織工程、生物醫學材料的應用、肌腱與韌帶的修補、人工植入物以及顯微組織的力學性質。此外，目前有許多跨領域的生物力學相關研究議題，如以不同形態的力學環境刺激細胞，觀察其生理變化及回應。而部分新的研究方法包括以計算機（如有限元素模型）模型模擬顯微構造（如鬆質骨架構）的力學機制及一些相對長期的活體研究。總之，生物力學是一門相當廣泛的科學，其主要是促進臨床手術技術、手術器械以及人工植入物的進步，如骨折固定模式、人工關節組件設計、義肢等方面均是生物力學對於臨床的主要貢獻。

　　生物力學（biomechanics）一詞，是由生物學（biology）與力學（mechanics）二字所集合而成。由字面上淺顯地解釋為一門以力學理論和方法，探討人體及其他生命體有關力學問題的學科。事實上若要進一步了解生物力學這個領域，應該從歷史的因果關係開始。在 1638 年，Galileo 在他的著作《Two New Sciences》中便導入了「力學」一詞，並概述其包含了一切物體及物質在靜、動態的敘述與力量、速度之間的關係。力學應用於眾多課題，包括材料中應力與應變的分布、對於材料力學性質的敘述、材料的強度與不同受力模式下的破壞模式、流體力學與粒子的運動、熱流、質傳、結構力學與強度、波動與震波問題。這些課題看似近乎

工程的領域，很難跟生命科學問題相連。但是在重力場下，環顧任何生物體組織、器官所構成的生理系統中，從分子生物層次所有化學分子間的互動與傳遞，到器官如何發揮其生理功能，再到整個個體的運動控制，幾乎很難找到生物體中哪一個器官的運作不包含在以上所敘述的力學課題中。

自 1960 年起至今，更為生物力學蓬勃發展的一個重要時期，當代物理科學中的靜力學、動力學、固體力學、流體力學等學科均開始涉及生命科學領域，進而形成一門獨特的新興學科——生物力學。其中骨與關節的力學研究在生物力學領域占有相當的地位。所謂骨科生物力學（orthopaedic biomechanics），即是應用生物力學的方法來解決骨科遇到的問題。眾所皆知，骨骼肌肉系統為生物體組織，在胚胎時間，不同物種藉由不同的遺傳物質，而發生成為不同形態的骨骼肌肉系統。但是骨骼肌肉因其獨特的生理代謝方式而有所謂的重塑性（remodeling）。也就是在個體生長過程中，會因不同的力學刺激而改變骨骼功能性適應（function adaptation）。了解骨骼肌肉系統在個體一生中如何受周圍力學環境的影響，就不難發現以治療骨骼肌肉系統疾病為主的骨科是多麼需要將生物力學概念納入整體思考的一個領域了。

骨科生物力學將工程原理，特別是機械力學原理應用於臨床醫學。這個跨工程、醫學的學科開始為臨床骨科與相關基礎研究做貢獻。藉由工程師般的專業與思考方式，骨科生物力學讓一些原本束手無策的問題得以解決，甚至更上一層樓。舉例來說，人工關節置換術的發明與臨床應用減輕了退化性關節炎患者的痛苦，不啻為一大福音。然而，隨著臨床病例的長期追蹤及骨科生物力學方面的深入研究得以發現存在於舊式人工關節的諸多問題。如磨損、對位、穩定度與自由度的取捨、關節運動學的改變等因素都會影響人工關節的功能與壽命。這些問題的發現也促使生物力學工程師運用專業並設計更佳的人工關節產品，以達到更好的臨床結果。骨科生

物力學對於臨床骨科的重要性與價值，在此不言而喻。

　　生物力學是一門跨領域的學科，藉由工程師參與臨床醫學問題的探討，使得臨床上治療手段及新器械能夠日新月異，賦予臨床更新的生命。經過 30 年來的驗證，生物力學也的確爲臨床醫學的發展起了重要作用。進入 21 世紀的今天，進步的腳步只會不斷地加快。爲了適應日益精進的醫療科技與仍然殷切的醫療需求，「合作」仍是最好的模式，這也代表生物力學這種具有「合作」本質的學科現正方興未艾、蓄勢待發。臨床醫師迫切需要了解力學的原理與應用；而熟知力學原理的工程人員則應知道臨床上所遇到的問題與需求。如此相助相成，才能發揮「合作」的最大力量，爲患者的健康做出最大的貢獻。

1.1 生物力學定義

1.2 生物力學轉譯應用

　　轉譯醫學（Translational medicine，也稱做轉化醫學）是指將基礎醫學的研究，能夠直接和臨床治療上連結的一個新的思維。在臨床上可以應用生物力學的基礎及研究來進行轉譯，以圖 1-1 來看，生物力學應用方法可以包括人體或體內實驗、體外實驗、電腦計算機模擬以及臨床隨訪分析等主要方法，在這些方法之下，利用適合的儀器輔助分析，便可以透過臨床醫學轉譯，將臨床發現實際得到治療方式的回饋及改進。

人體／體內實驗	體外實驗	計算機模擬	臨床隨訪
動作分析 動力學分析 動物實驗 組織工程 分子生物	模擬器 屍體測試 材料測試	影像重建 有限元素法 運動（力）學分析	隨訪追蹤 取出物分析 骨型態量測

圖 1-1　生物力學轉譯應用涵蓋的主要方法

1.3 基本材料力學

　　大部分的力學基礎都是架構在牛頓三大定律之下，力學（mechanics）是物理學的一個分支，係研究物體受力作用後，保持靜止或運動的情形。通常力學分為三大領域，即：

1. 剛體力學（rigid-body mechanics）
2. 可變形體力學（deformable-body mechanics）
3. 流體力學（fluid mechanics）

剛體力學又可分為：

1. 靜力學（statics）：靜力學係探討物體受力後，保持靜止不動或維持等速運動的平衡狀態。

2. 動力學（dynamics）：動力學則探討物體受力後，產生加速度運動的平衡情形。

　　材料力學主要是研究材料在各種外力作用下產生的應變、應力、強度、勁度和導致各種材料破壞的極限及模式。在人體應用上，材料力學可以更為實際地探討組織材料及結構的受力結果及破壞模式。

1.3.1 應力與應變

　　在生物力學要探討組織結構受力之後產生的變化必須先提到應力及應變的基本定義（參考圖 1-2）。

1. 應力（Stress）：單位面積上所受之力稱為應力，一般以 σ 表示之。

   應力 (σ) = 荷重 (F) / 荷重承受之面積 (A)

   ⑴ 拉應力：材料受拉力時，其內部所產生之單位應力稱之拉應力，一般以 σ_t 表示之。

   ⑵ 壓應力：材料受壓力時，其內部所產生之單位應力稱之壓應力，一般以 σ_c 表示之。

2. 應變（Strain）：物體受外力時，其長度變形量和原來長度的比例。

   應變 (ε) = 長度變形量 (ΔL) / 原長度 (L)

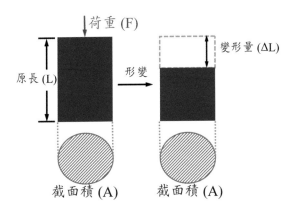

圖 1-2　物體受到力量作用產生形變

1.3.2 彈性模數與勁度

在進行材料力學分析時，大多數的狀態是材料結構存在於彈性區域範圍內。材料力學中，彈性的定義為當材料受外力作用而產生變形時，將外力移除之後，則變形恢復原來狀態，此恢復特性稱之為彈性。

在材料的彈性區域內，結構受到力量作用時，會對應地產生形變，力量與變形量的比值為一固定值（稱之為勁度（Stiffness））（圖 1-3），此關係遵守著虎克定律（Hook's Law）。

如同上述說明，勁度的大小是代表一個「材料結構」的強度，當要探討「材料」單獨本身的問題時，則以彈性模數來進行描述。彈性模數（又稱楊氏模數）（Modulus of Elasticity）（Young's Modulus）也遵守虎克定律，定義如下（圖 1-4）：

$$彈性模數 (E) = \frac{應力 (\sigma)}{應變 (\varepsilon)}$$

要特別強調的是勁度（荷重與形變）與物體的結構幾何外形有關係，以圖 1-5 為例，不同的圓柱截面積及長度（❶、❷、❸），受到荷重之後呈現的勁度會有所不同。但是若是同一種材料，不管結構或幾何外形，其應力應變的比值（彈性模數）會是相同的。

由於真實材料都是屬於可以變形的，因此在分析探討應力應變關係時，不能忽略浦松比的定義。

浦松比（Poisson's Ratio）：物體受力產生彈性變化時，側向應變量與縱向應變量的比值。

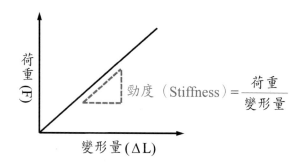

圖 1-3　勁度為受到力量與產生形變的比值

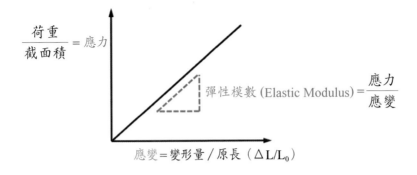

圖1-4　彈性模數是應力與應變的比值

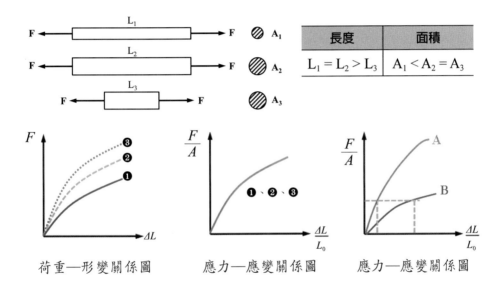

圖1-5　同一種材料不同幾何結構（截面積或長度）；A 與 B 兩種不同材料的應力及應變關係。

1.4 生物力學基本概念

1.4.1 靜力平衡

　　靜力平衡定義為一靜止的物體，受到一或多個外力的作用，仍然保持靜止狀態，稱此一或多個外力達成靜力平衡。靜力平衡的二個條件分別為

移動平衡與轉動平衡。

1. 移動平衡：原為靜止的物體受到數個外力的作用，仍然能夠保持不移動的狀態，稱為移動平衡。

   移動平衡的條件：物體處於移動平衡時，所受合力必須為零（圖1-6），即：

   $\Sigma \mathbf{F}_i = 0$

2. 轉動平衡：原為靜止的物體受到數個外力的作用，仍然能夠保持不轉動的狀態，稱為轉動平衡。

   轉動平衡的條件：物體處於移動平衡時，則以任何一點當轉軸，所受合力矩都必須為零，即：

   $\Sigma \mathbf{M}_i = 0$

圖 1-6　靜力平衡時身體重量（W_1）加上腿部重量（W_2）的合力會等於地面反作用力（R）。

1.4.2 動力平衡

　　動力學主要在於利用力的觀點來說明物體的運動（圖 1-7），動力學內容是以牛頓第二運動定律，$\Sigma F = ma$ 為移動平衡基礎，對於轉動平衡則

以 $\Sigma M = I\alpha$ 爲理論基礎。

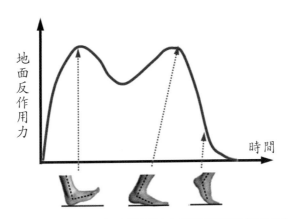

圖 1-7　人體動力學主要分析外力作用與運動的變化關係

1.4.3 運動學與運動力學

在動力學理論範圍中，包括運動學（Kinematics）及運動力學（Kinetics）。運動學是專門描述物體的運動，即物體在空間中的位置隨時間的演進而作的改變，完全不考慮作用力或質量等等影響運動的因素。運動力學主要研究的是力量對於物體運動的影響，分析運動力學時必須考慮力的因素如下：

1. 人體動作平面

人體運動學是以關節爲主體的運動機構，要描述人體的動作必須先定義出活動平面，人體主要動作可分解爲在三個互相垂直面上的運動，這三個動作平面分別是矢狀面（sagittal plane）、冠狀面（coronal plane）及橫截面（transverse plane）（圖 1-8）。

在活動平面的動作，可大致以下列三種作爲區分：矢狀面上的曲伸動作（flexion-extension）、冠狀面上的內收外展動作（adductionabduction）以及橫截面上的內外旋轉動作（internal-external rotation）（圖1-8）。在日常生活中，走路便會使用到髖、膝等關節，而且包含了這三種動作。

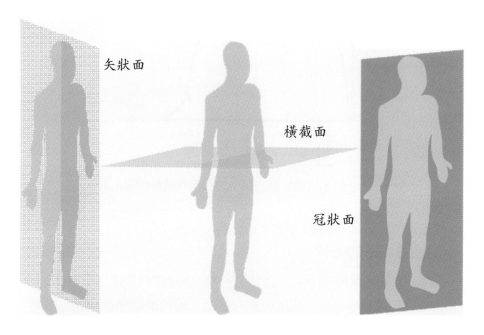

圖1-8　人體三個運動平面：由左至右分別為矢狀面（sagittal plane）橫截面（transverse plane）及冠狀面（coronal plane）。

2. 運動學

人體運動學是探討人體或輔助器材在空間的位置（角度）隨時間變化的特性，研究人體或輔助器材運動的路徑、速度和加速度等時空參數。人體運動學的參數包括時間參數、空間參數以及時間空間關係參數。以下圖1-9為例，下肢包括膝關節、髖關節及踝關節等在步態過程中，透過運動學定量分析工具，可以得到關節的運動軌跡，從而進一步得知速度及加速度的參數。

運動學參數量測方法逐漸趨向於定量的分析。目前常用的運動學參數的量測方法有角度感測器、加速度感測器和攝影測量。

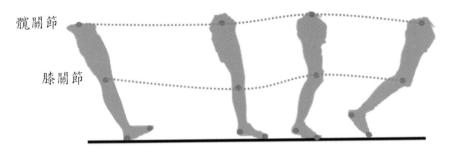

髖關節

膝關節

圖 1-9　人體步態的運動軌跡

3. 運動力學

運動力學主要探討人體受到外力或是內力作用的問題。力的簡單定義爲物體之間的相互作用。以下圖 1-10 爲例，下肢包括膝關節、髖關節及踝關節等在步態過程中，透過測力板、步態分析定量工具，可以得到速度及加速度的參數，進一步獲得人體受到的外力及內力變化。人體運動中的力主要是人體與地面、器械、流體的相互作用。在人體作用力上可分爲內力（發生變形）和外力（改變運動狀態）：

⑴ 內力：人體生物力學系統中，人體內部各部分相互作用的力稱爲人體內力，如肌肉力、組織黏滯力、韌帶張力及關節反作用力等。

⑵ 外力：外界作用於人體的力稱爲人體外力。人體所受主要外力：重力、彈性力、摩擦力、支撐反作用力及介質作用力等。

牛頓力學應用於人體具有限制性，主要是因爲人體組織並非剛體，當外力作用於人體時，首先會產生變形，力在人體內部的傳遞過程

需要一定時間，並且會產生損耗，用牛頓力學計算得出的人體動力學參數值往往存在較大的誤差。人體的骨骼、肌肉、韌帶等均是黏彈性材料，因此在測量和評價這些材料的力學特性時，必須考慮材料的應力鬆弛、潛變等生物材料特性。

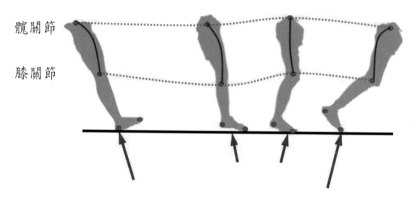

髖關節

膝關節

圖 1-10　人體步態的運動軌跡、肌肉拉力以及地面給予的反作用力。

1.5 生物力學應用

1.5.1 材料試驗分析

材料試驗分析是最常被使用在人組織器官、人工植入物或是輔具護具的測試分析。人體的骨骼或其他軟組織屬於黏彈性材料，且為非等向性材質（non-homogenous），若還要考慮其在受壓後其浦松比的影響是相當困難的。因此要很正確的考量其變形的模式，並非容易。

在實際測試中，一般不會考慮受測物體的浦松比效應，常見的生物力學材料測試分析會利用材料試驗機來達成目的，而透過測試進行，可以獲得該材料的受力及位移變化，若加入材料幾何外形的參數便可以得到應力及應變的關係圖，如圖 1-11 所示，為一典型的材料測試應力應變關係圖，各區域及參數點所代表的意義如下：

1. 彈性區間：當外力移除時，受測物變形回復至原始狀態。

2. 在線性彈性區間材料屬線性性質。OE 線段斜率為彈性模數。

3. 於塑性區間當外力移除時，受測物將無法回復至原始狀態，亦即會產生永久形變。

   ⑴ 降伏點：拉力並未明顯增加，但會產生相當大拉伸量。測試材料經過降伏點之後便產生塑性變形，無法回復至原始狀態。

   ⑵ 應變硬化區：材料對進一步變形有較大阻力，需增加拉力才會進一步伸長。

   ⑶ 極限應力（U）：負載到達最大值。試片延伸，局部截面積減少，產生頸縮現象。

   ⑷ 破壞（F）：試片破壞斷裂。試片延伸至最大，局部截面積減少，直至斷裂。

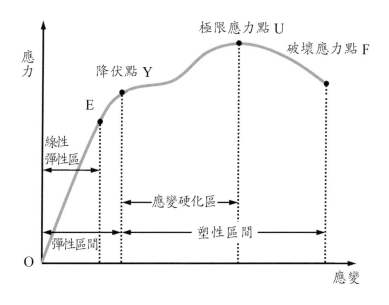

圖 1-11　典型的材料試驗應力—應變關係圖

1.5.2 材料試驗分析應用

　　臨床研究上，材料試驗是最常被使用的分析工具。Sun 等人 [1] 臨床上觀察到退化性關節炎病患（OA）容易導致關節軟骨磨損或退化，而患有骨質疏鬆症的病患（OP）容易發生股骨頸骨折卻不容易引起關節軟骨磨損，為了探討這兩種病因間的關係在生物力學上的性質有否相關性，進一步了解此兩者骨質特性和生物力學行為的差異，作者等人利用材料試驗方法取股骨球頭中主要受壓方向（principal compressive region）的骨試塊來進行測試。研究方法將手術中取出之七例原發性退化性關節炎股骨頭和七例骨質疏鬆性股骨頭。將每個股骨頭沿股受壓方向骨小樑（principal compressive group）切出兩個 1 cm^3 試塊，分別為 OA I、OA II 或 OP I、OP II（圖 1-12）。以材料試驗機施予軸向壓力（0.04 mm/sec）來進行生物力學分析（圖 1-13），分別比較退化性關節炎和骨質疏鬆性股骨頭之骨密度、彈性模數和降伏應力的差異。

　　該研究在考慮骨試塊的應力與應變關係時，並沒有考慮浦松比對橫向面積的影響。在應力部分是利用材料試驗機所偵測到的外力除以其骨試塊的面積（100 mm^2）。在應變方面則是利用軸向變形除以骨試塊之軸向長度（10 mm）。所以研究中的楊氏模數的計算為所計算出的應力除以應變值。而降伏應力則是取應力與應變值中線性部分的最大值為降伏應力。

　　透過該研究的骨塊材料力學測試，可以得到圖 1-14 的應力—應變圖，其為典型的骨組織材料受到軸向壓力所呈現的應力—應變結果，基本上觀察的數據為彈性模數（即彈性區域的斜率）以及降伏強度。由於二組測試材料強度不同，因此所展現的彈性模數、降伏強度有所差異，透過此種材料試驗分析的方法，可以很清楚地獲得人體組織材料的生物力學特性。

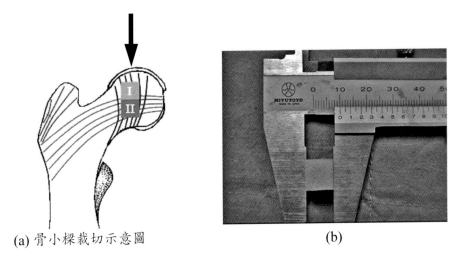

(a) 骨小樑裁切示意圖　　　　　　　　　(b)

圖 1-12　由沿股骨中受壓方向骨小樑切出兩塊 1 cm³ 試塊

圖 1-13　受壓方向骨小樑切出之 1 cm³ 試塊進行壓力測試

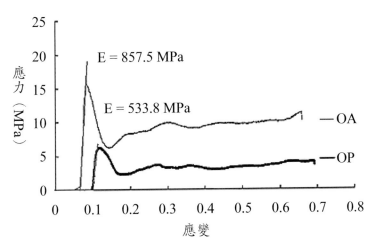

圖 1-14　OA 與 OP 骨試塊之應力─應變關係圖

1.5.3 有限元素分析

　　生物力學分析的方法，除了利用材料試驗機進行體外測試之外，另一個經常被使用的方法為有限元素分析。由於體外測試實驗有其限制性，對於體外測試而言，主要是大體試片取得不易，且會受個體差異之影響，若採用動物的試片，則又會有物種間差異的考量。再者，受測物細微部位之受力或應力分布值不易從實驗值直接量取，因此體外實驗方式較不易進行生物力學內部之分析。此外，若欲探討各種參數（例如不同材料、尺寸、受力條件）對人體之影響，著實不易由體外實驗方式進行，測試成本也相對增加許多。反之，有限元素分析可避免人體或動物試片難以取得、試片個體差異大、細部應力、受力狀態無法量測等問題，更可直接獲得整體結構應力分布、軟組織力學特性且適用於參數化分析。

　　在十七、十八世紀，Hook、Euler、Language 等人就將彈性力學發展成一門學科，雖然其後的學者根據原有的教學理論相繼推導於應用結構學上，但畢竟能用基本理論而得的解析解有限，而且也只適用於簡單的幾何結構。矩陣分析結合著大型計算機的數值運算，讓更多土木工程的龐大結構有更多的力學計算，直到飛機製造業大量應用有限元素法後，對複雜結構及其他工程學科的分析都將不再是個難題。而有限元素法用在生物力學上已近四分之一世紀，它能有效處理複雜的幾何形狀、各種不同的材料性質和邊界條件，並且結合實驗方法來深入探討各種臨床問題，因此為現代生物力學分析的基本工具。

1.5.4 有限元素分析應用

　　作者以一實例來簡要說明有限元素法的應用。髖關節股骨頸正好處於一個骨頭由粗轉細再轉粗的部分。股骨頸的骨結構可分為兩種形式，亦即鬆質骨及緻密骨，分別占有不同的體積比例，從股骨頭延續到大、小轉子間的區域。

由生物力學的角度來看，當股骨頸的緻密骨增厚，得以承受較大的力量，若緻密骨變薄，則無法承受較大的作用力。因此，當病人跌倒時，其股骨頸的緻密骨若較厚，得以承受較大的力量，較不易發生股骨頸骨折。反之，若緻密骨變薄，無法承受較大的作用力，則較易發生股骨頸骨折。但是，當股骨頸的緻密骨增厚，則會使得股骨頸變硬，而失去受力時的緩衝作用及能量吸收的功能，因此將改由股骨頭的軟骨組織擔負緩衝及能量吸收的功能，可能會引起軟骨的磨損。

諸多學者 [2] 以建立髖關節二維有限元素模型分析方法，探討股骨頭及股骨頸等軟骨下方大塊骨結構力學參數改變對於上方軟骨造成之應力變化，在有限元素模型中改變的參數中包括：(1) 軟骨下骨彈性模數參數、(2) 軟骨下骨及股骨頭彈性模數參數、(3) 股骨頸彈性模數參數。分別將上述各區塊的彈性模數從正常值增加為二倍，再與骨盆元件進行接觸分析。幾何外型來源為取自 83 歲女性的平面正位 X 光片，首先調整影像放大比例，依據各解剖位置，畫分出各部位區塊，骨盆部位依據 X 光影像的輪廓，建立半邊模型（圖 1-15），包括：(1) 外圍緻密骨（Z1）、(2) 內部鬆質骨（Z2）、(3) 髖臼軟骨下骨（Z3）及 (4) 髖臼軟骨（Z4）。由於本研究主要重點為進行關節接觸及近端股骨部位的應力分析，因此股骨部位取至骨峽下方，股骨部位包括：(1) 股骨頭軟骨（Z5）、(2) 股骨頭軟骨下骨（Z6）、(3) 股骨頭（Z7）、(4) 股骨頸鬆質骨（Z8）、(5) 股骨頸緻密骨（Z9）、(6) 股骨幹鬆質骨（Z10）及 (7) 股骨幹緻密骨（Z11）。

整個有限元素模型之建立，包括骨盆部位及股骨部位，共有 11 個部位，分別給予不同之材料性質。

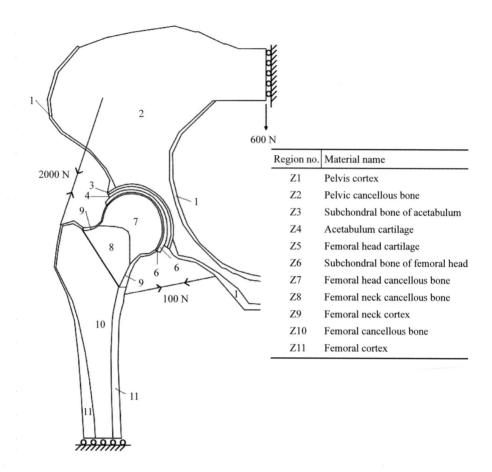

Region no.	Material name
Z1	Pelvis cortex
Z2	Pelvic cancellous bone
Z3	Subchondral bone of acetabulum
Z4	Acetabulum cartilage
Z5	Femoral head cartilage
Z6	Subchondral bone of femoral head
Z7	Femoral head cancellous bone
Z8	Femoral neck cancellous bone
Z9	Femoral neck cortex
Z10	Femoral cancellous bone
Z11	Femoral cortex

圖 1-15　髖關節有限元素模型區塊

　　在設定相關邊界條件及受力模式之後，經由有限元素靜態分析結果，關節接觸力量為 2333 N，約爲體重的三至四倍，方向爲與垂直軸呈 20 度相交。以應力分布圖來看，如圖 1-16(a) 所示，包括關節軟骨、軟骨下骨、股骨頭及股骨頸等區塊，分析後的應力分布狀態與 X 光影像上的骨小樑排列方向符合圖 1-16(b)，承受之壓應力由軟骨經由軟骨下骨及股骨頭一直延伸至股骨頸內側；而對於股骨頸外側，由於受到外展肌力的作用，使得外側原本受到之張應力被外展肌力所產生的壓應力補償。

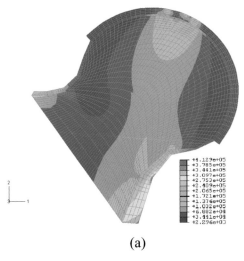

(a)

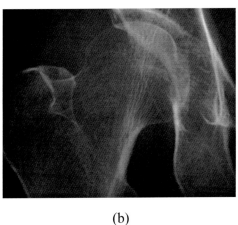

(b)

圖 1-16 有限元素法分析後，(a) 關節軟骨、軟骨下骨、股骨頭及股骨頸等區塊的應力分布狀態與 (b) X 光影像上的骨小樑應力排列一致。

1.5.5 醫療器材分析與評估

醫療器材在上市之前必須經過評估醫療器材的功能性經常使用生物力學的方法來做為評估及驗證的工具。以圖 1-17 為例，為了評估足後跟墊的力學特性，利用材料試驗機結合置具模擬足後跟墊的力量及位移曲線

圖（圖 1-18）[3]。經由力量及位移曲線的結果我們可以容易獲得材料的基本特性，對於產品的設計及對人體的生物力學效應也可以有進一步的了解。

圖 1-17　利用材料試驗機來評估材料的力學特性

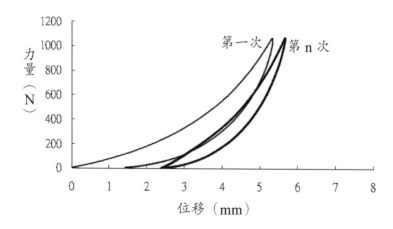

圖 1-18　力量及位移曲線關係圖（第一次受壓及第 n 次受壓之後曲線呈現顯著差異）

1.6 材料試驗分析儀器

1.6.1 拉伸試驗（Tensile test）

拉伸試驗之目的爲測定材料之強度及延性指標。測試材料依照相關測試標準（表 1-1）之規格（表 1-2）製作、安裝於試驗機上，並依規定之荷重與施力速度於其兩端施力至斷裂爲止。在承受軸向拉伸負荷下測定材料機械特性：如降伏強度、伸長率、彈性模數、比例極限、面積縮減量、屈服點、屈服強度和其他拉伸性能指標。

表 1-1　常見拉伸試驗測試標準

試片種類	拉伸試驗規範
金屬	ASTM E-8
塑料	ASTM D-638 ASTM D-2289（高應變率） ASTM D-882（薄片材）
玻璃纖維	ASTM D-2343
黏結劑	ASTM D-897
硬橡膠	ASTM D-412

表 1-2　ASTM 規範之拉伸試片平板規格（圖 1-19）

Nominal Width (Unit: mm)	Standard Specimen		Subsize Specimen
	Plate Type 40 mm	Sheet type 12.5 mm	6 mm
G-Gage length	200.0±0.2	50.0±0.1	25.0±0.1
W-Width	40.0±2.0	12.5±0.2	6.0±0.1
T-Thickness	Thickness of material		
R-Radius of fillet	25	12.5	6

（續）

Nominal Width (Unit: mm)	Standard Specimen		Subsize Specimen
	Plate Type 40 mm	Sheet type 12.5 mm	6 mm
L-Overall length	450	200	100
A-Length of reduced section	225	57	32
B-Length of grip section	75	50	30
C-Width of grip section approximate	50	20	10

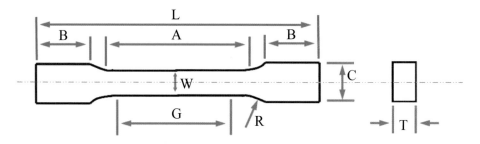

圖 1-19　ASTM 規範之拉伸試片平板規格示意圖

　　拉伸試驗所需之試驗設備包含：拉伸試驗機、游標尺、伸長計、應變計等。試驗機由本體（machine body）、控制裝置（control equipment）、油壓裝置（hydraulic equipment）等三部分構成：本體包括框架（frame）、十字頭（crosshead）、荷重元（load cell）、引動器（actuator）等；控制裝置則含有個人電腦與高速控制器等；其餘常見附件如夾具（grip）、應變計（strain gage）等試驗裝置。一般常見試驗機如萬能試驗機及電腦控制材料試驗機兩類：萬能試驗機由馬達驅動油壓壓縮機產生荷重，經由力量傳達裝置施力至測試試片直到斷裂，此類試驗機可進行拉伸、壓縮、彎曲等試驗；電腦控制材料試驗機採用回授控制（feed-back control），將實際

受力情況作爲回授信號送回控制器做爲參考，能確實地執行變化的命令信號，此類試驗機可進行拉伸、壓縮、疲勞、彎曲、破壞力學、結構試驗等。

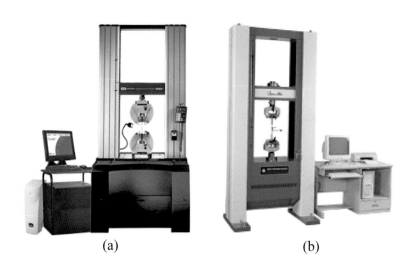

(a)　　　　　　　　　　　　　　(b)

圖 1-20　(a) 萬能試驗機；(b) 電腦控制材料試驗機。

1.6.2 硬度試驗（Hardness test）

　　硬度試驗之目的爲測試材料之硬度，即材料表面層受外力時抵抗被壓凹而塑性變形的能力。常見硬度試驗方法：布氏硬度（Brinell hardness）、洛氏硬度（Rockwell hardness）、維克氏硬度（Vickers hardness）、蕭氏硬度（Shores hardness），依測試的外力作用條件不同而產生不同之抵抗作用。

1. 布氏硬度（Brinell hardness）

　　布氏硬度試驗一般採用直徑 10 毫米的球形鋼壓頭，以機械力、氣壓或液壓壓入待測試片表面（圖 1-21），當荷重除以壓痕投影面積，亦即單位面積所承受之荷重便爲布氏硬度（HB）。

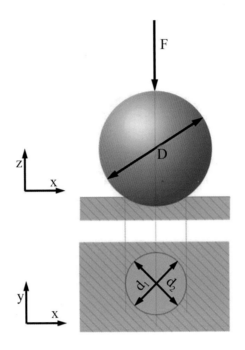

圖 1-21 布氏硬度試驗之壓痕器（上）與壓痕（下）

$$HB = \frac{荷重}{壓痕投影面積} = \frac{F}{\pi\left(\frac{d}{2}\right)^2} = \frac{2F}{\pi D\left(D - \sqrt{D^2 - d^2}\right)}$$

F：施加於試片表面之荷重（kg）

D：壓痕器直徑（mm）

d：壓痕直徑，或 $\frac{d_1 + d_2}{2}$（mm）

報告布氏硬度值時，使用標準方法記錄試驗條件（如 HBW 10/3000，其代表意義分別為：HBW 指使用碳化鎢壓頭（若使用鋼壓頭的則記為 HBS）、10 為壓頭直徑、3000 為測量荷重）。

2. 洛氏硬度（Rockwell hardness）

洛氏硬度試驗其硬度值由壓痕的深度來表示，其壓痕深度與洛氏硬度有著線性比例關係，於洛氏硬度標尺上每 2 μm 代表一級洛氏硬度，故可由標尺刻度直接讀取硬度值，係一簡單、方便的硬度

測試方式。

洛氏硬度試驗方法為壓痕器先後兩次對待測材料表面施加試驗力
（初試驗力 F_0 與總試驗力 $F_0 + F_1$），首先使用初試驗力 F_0（約 10
kg）將壓痕器垂直壓入（圖 1-22(1)），然後施加總試驗 $F_0 + F_1$ 將
壓痕器再壓入並維持一段時間後（圖 1-22(2)），撤除 F_1 僅保留初
試驗力 F_0 並量測壓入深度，以殘餘壓入深度（圖 1-22(4)）來代表
硬度的高低，殘餘壓入深度越大、洛氏硬度越低，反之亦然。

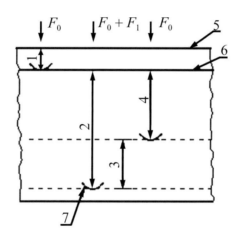

圖 1-22　洛氏硬度試驗之壓痕器：(1) 初試驗力壓入深度 、(2) 總試驗力深度深度、
　　　　(3) 彈性回復深度、(4) 殘餘壓入深度、(5) 待測物表面、(6) 測量基準面、
　　　　(7) 壓痕器。

壓痕器共分三種：鑽石錐、鋼球（直徑 1.588 mm/3.175 mm）、硬
質合金球。總試驗力 $F_0 + F_1$ 共分三種：60 kg、100 kg、150 kg。
於洛氏硬度試驗時便共有 9 種組合，對應洛氏硬度的 9 個標尺：
H_RA、H_RB、H_RC、H_RD、H_RE、H_RF、H_RG、H_RH 和 H_RK。常見
之 H_RB 為 1.588 mm 鋼球使用 100 kg 進行測試；H_RC 為鑽石錐使
用 150 kg 進行測試。

當遇到材料較薄、樣品較小、表面硬化層較淺或表面鍍層，此時就應改用表面洛氏硬度試驗。與洛氏硬度採用相同壓痕器，但採用只有洛氏硬度試驗幾分之一的試驗力，屬於洛氏硬度的一種補充測試方法。

3. 維氏硬度（Vickers hardness）

維氏硬度相較於其他硬度試驗的優點：硬度值與壓痕器大小、負荷值無關；無須根據材料硬度更換壓痕器；正方形的壓痕輪廓邊緣清晰、便於量測。

與布氏硬度試驗比較，只要待測材料質地均勻，維氏硬度可用小壓痕、低負荷得硬度值，減少待測物之破壞，或可用於薄小的待測物。另外在硬度值 400 以下較軟的均質材料測量上，維氏和布氏試驗數值相近。

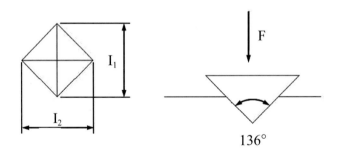

圖 1-23　左圖為壓痕在待測物表面之投影，d_1、d_2 為壓痕對角線；右圖為鑽石方錐壓痕器之側面關，相對面夾角 136°。

維氏硬度試驗法與布氏硬度試驗相似，採用正四稜錐型的鑽石壓痕器，其相對面夾角 136°（圖 1-23）。當卸除負荷後，測量材料表面之方形壓痕的對角線長度，並對相互垂直之兩對角線長度（d_1、d_2）取平均值。

$$Hv = 0.102 \times \frac{F}{S} = 0.102 \times \frac{2F\sin\frac{\alpha}{2}}{d^2}$$

F = 負荷（N）

S = 壓痕表面積（mm^2）

α = 壓痕器相對面夾角 = 136°

d = 壓痕對角線之平均值 = $\dfrac{d_1 + d_2}{2}$

1.6.3 衝擊試驗（Impact test）

　　衝擊試驗主要是測定材料之韌性（toughness），即材料破斷時所吸收之能量，衝擊強度（衝擊值）（$kgf\text{-}m/cm^2$ 或 J/cm^2）即代表韌性的大小，此外衝擊值會隨溫度變化而改變，所以可藉由不同溫度之衝擊試驗求得材料變脆之轉變溫度（fracture transition plastic temperature, FTPT），例如：面心立方晶體結構（face-centered cubic, FCC）的材料，低於 FTPT 之吸收衝擊能的能力僅略降，但體心立方晶體結構（body-centered cubic, BCC），低於 FTPT 後之衝擊值便急速下降。

　　一般使用的試驗機有 Charpy 和 Izod 兩種單衝擊試驗機，兩者差異為試片夾持方式、衝擊試片位置及試片尺寸，但其試驗方法、原理皆雷同（下頁圖 1-24）。將一已知重量的擺錘升至 h_1，釋放擺錘到最低點、將其位能盡數轉換為動能、衝斷試片，遵循能量不滅，部分轉換為材料衝擊能量、部分剩餘動能使擺錘繼續升至 h_2 轉換為位能。

1.6.4 疲勞試驗（Fatigue test）

　　疲勞是循環加載條件下，材料或結構某處局部或永久的損傷遞增過程。疲勞破壞是經足夠應力、應變循環後，材料損傷積累發生裂紋，或試進一步擴展至完全斷裂。疲勞試驗的目的是測定材料的發生疲勞斷裂破壞之疲勞強度（fatigue strength）、或材料長期負載也不會破斷之疲勞限（fatigue limit）等。

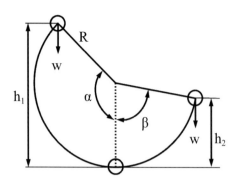

圖 1-24　衝擊試驗原理

擺錘原有位能 $= Wh_1 = WR(1 - \cos\alpha)$

擺錘餘留位能 $= Wh_2 = WR(1 - \cos\beta)$

衝擊能量 $\Delta E = W(h_1 - h_2) = WR(\cos\beta - \cos\alpha)$

衝擊值 $I = \Delta E/A(kgf\text{-}m/cm^2)$

$W =$ 擺錘重量 (kg) 、$R =$ 擺錘的重心到迴轉中心的距離

$h_1 =$ 撞擊前擺錘之高度、$h_2 =$ 撞擊後擺錘升高之高度

$\alpha =$ 擺錘預定落下位置的角度、$\beta =$ 擊斷試片後，擺錘自由上升的角度

按破壞循環次數將疲勞試驗分為兩類：高循環疲勞試驗（高周疲勞），此種試驗施加的循環應力較低，大部分被限制在彈性範圍，一般是 10^4 到 10^5 週期以上；低循環疲勞試驗（低周疲勞），此試驗之循環應力多超過材料之降伏極限，每次週期中產生明顯的塑性應變，一般週期數低於 10^4 到 10^5。常見試驗方法如迴轉樑式、往復彎曲、反覆扭轉、拉壓交替等。

S-N 曲線為材料破斷時的應力 S 與週期 N 的關係圖（圖 1-25），試驗先以較大荷重、較少週期產生斷裂，接著依序減少荷重、重複負載週期，記錄各次試驗斷裂之週期數，以平均應力 S 為縱軸、週期次數 N 為橫軸，在座標上各標點連線得 S-N 曲線。鐵基金屬材料 S-N 曲線中，N 於 10^7 附近時漸呈水平，一般將此應力訂為不致產生疲勞破壞之最大應力，即該材料之疲勞限（fatigue limit），若一般使用時最大應力低於此一疲勞限則不

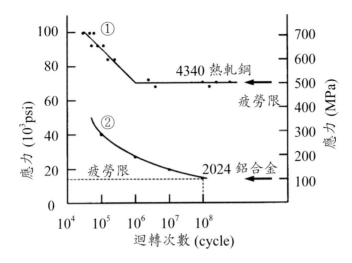

圖 1-25　疲勞試驗 S-N 曲線圖

致有疲勞現象，可長久使用。非鐵基金屬則無明顯水平部分，往往以 N = 5×10^8 所對應之應力作為疲勞強度。

影響材料疲勞強度的因素如下：材料表面粗糙或加工後之痕跡、材料表面腐蝕、表面殘留應力（殘留拉應力 → 疲勞限降低；殘留壓應力 → 疲勞限升高）。若需提高疲勞強度，可進行珠擊、或表面滲氮，降低表面裂縫成核機會，藉此提高材料之疲勞強度。

1.6.5 扭轉試驗（Torsion test）

扭轉試驗是測定材料抵抗扭矩作用，可測定脆性或塑性材料的剪強度（shear strength）。當試驗受扭時，材料處於純剪切應力狀態，圓軸扭轉時橫截面上作用最大剪應力 τ，計算公式如下：

$$\tau = G\frac{r\theta}{L}$$

τ：扭轉剪應力（kg/mm^2）

G：材料的剛性係數（kg/mm^2）

r：離軸心的距離（mm）

θ：單位長度試桿扭轉角度（rad/mm）

L：扭轉計之兩夾環之距離（mm）

扭轉試樣的斷口形狀可反應出材料性能和受力狀況，在 45 度斜面上分別存在最大拉應力 σ_1 和最大壓應力 σ_3，且絕對值皆等於 τ。若斷口斷面與樣品軸線垂直，則材料呈塑性，抗剪能力低於抗拉、抗壓能力；斷面與樣品軸線約成 45 度角，則材料呈脆性，抗壓、抗剪能力均強於抗拉能力。

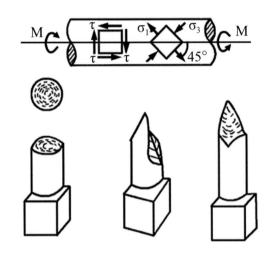

圖 1-26　扭轉試驗斷裂面

1.6.6 潛變試驗（Creep test）

潛變為材料於高溫下受到低於降伏強度、固定之靜應力，所發生緩慢且持續的變形現象。潛變試驗目的是測試材料施加不同應力時，分別記錄經過之時間對應變的情形，求取應力 - 應變 - 溫度 - 時間關係。或是求取材料之潛變限（creep limit）、潛變強度（creep strength），在某一高溫下，材料在一定時間內維持定值變形量之最大允許應力。

最常見之潛變試驗為拉伸型試驗法，將試件施以一定荷重並放於均溫

爐中加熱，試件會隨著時間而逐漸伸長，記錄某一時間點之潛應變（creep strain）、或一段時間內之潛變率（creep rate）、或是達潛變破壞所需時間。

理想之潛變曲線共分三期：初期潛變（primary creep）、中期潛變（secondary creep）、末期潛變（final creep）。

1. 初期潛變：此期間內之潛變率下降，即潛變曲線斜率下降。
2. 次期潛變：潛變率爲定值，又稱爲穩態潛變（steady state creep）。此時期內所發生之潛變較具意義，工程上利用此斜率推出總應變與時間之關係（$\varepsilon_t = \varepsilon_0 + V_0 t$）。
3. 末期潛變：潛變率上升、直至破壞，又稱加速潛變（accelerating creep）。

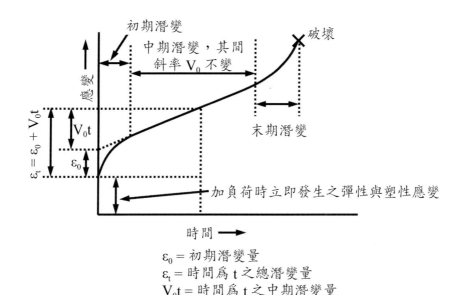

ε_0 = 初期潛變量
ε_t = 時間爲 t 之總潛變量
$V_0 t$ = 時間爲 t 之中期潛變量

圖 1-27　理想潛變曲線

若材料經試驗所得潛變曲線，其次期潛變之潛變率位在設計者定義之可容許最大潛變率內，代表此材料可在低於測試溫度及潛變強度（一般以

每 1000、10000 或 100000 小時伸長 1% 之應力表示）的狀況下，安全地使用至規定年限。

1.6.7 金相試驗（Metallographic test）

金相試驗之目的是利用高倍率之顯微鏡，觀察各種金屬材料的組織，以獲得組織內之相（phase）、大小、析出物、共晶組織、方向、分布、氣孔、龜裂等，藉此判斷鍛造組織、鑄造組織、或熱處理組織是否合宜，若需深究可探討金相學（Metallography）。

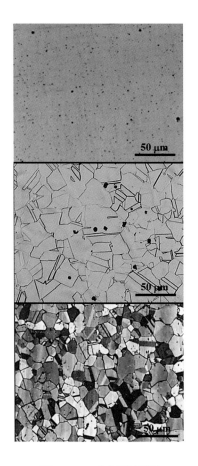

圖 1-28　金相學原理
使用 Bretha's BI 溶液進行腐蝕
(100 mL H_2O, 16.7 mL HCl, 2 g NH_4FHF, and 0.5 g $K_2S_2O_2$).

　　金相試驗步驟：取樣→鑲埋→研磨（粗至細）→拋光→腐蝕→顯微鏡觀察。研磨時須注意砂紙由粗到細不可跳號，粗砂紙先以一個方向研磨，換至下一號之細砂紙時，以其垂直方向研磨至前一號研磨之痕跡消失。拋光以平均粒度 1.0 µm 氧化鋁、氧化鉻、氧化鎂等之細粉懸浮液，研磨至試品表面鏡面。腐蝕常用之蝕刻劑 (以鋼鐵組織爲例) 有 Nital（硝酸 1~5 mL + 甲醇或乙醇）、苦味酸（Picral）等，腐蝕後各晶粒平坦度使反射光線產生差異，便會造成各晶粒亮度深淺差異。

參考文獻

1. Sun SS, Ma HL, Liu CL, Huang CH, Cheng CK, Wei HW. Difference in femoral head and neck material properties between osteoarthritis and osteoporosis. Clin Biomech. 2008; 23 Suppl 1:S39-47.

2. Wei HW, Sun SS, Jao SE, Yeh CR, Cheng CK. The influence of mechanical properties of subchondral plate, femoral head and neck on dynamic stress distribution of the articular cartilage. Med Eng Phys. 2005; 27(4): 295-304.

3. Sun PC, Wei HW, Chen CH, Wu CH, Kao HC, Cheng CK. Effects of different materials and thicknesses on the load deformation characteristics of heel cushions. Med Eng Phys. 2008; 30(6): 687-692.

4. Kalpakjian S, Manufacturing Process for Engineering Materials. Addison-Wesleg Publishing Comp. 1984.

5. Askeland DR, The Science and Engineering of Materials. Van Nostrand Co. Ltd. 1988.

6. Deiter GE, Mechanical Metallurgy 3rd ed. McGraw-Hill. 1986.

7. 江詩群，金屬材料試驗。信義美術印刷公司。民國 71 年。

8. 呂璞石、黃振賢，金屬材料〔增訂版〕。文京圖書。民國 75 年。

9. Thorntor PA, Colangelo VJ, Fundamentals of Engineering Materials. Prentice-Hall, Inc. 1985.

10. Alfrey TJ, Mechanical Behavior of High Polymers. Wiley. 1948.

11. Guy AG, Essentials of Materials Science. McGraw-Hill, Inc. 1976.

12. Gilman JJ, Micromechanical of Flow in Solids, McGraw-Hill, Inc. 1969.

13. Hench LL, Ethridge EC, Biomaterials - An Interfacial Approach. AP. 1982.

14. Hertzberg RW, Deformation and Fracture Mechanicals of Engineering Materials. John Wiler & Sons. 1976.

15. Jastrzebski ZD, The Nature and Properties of Engineering Materials. Wiely. 1977.

16. Sines G, Waisman JL, Metal Fatigue. McGraw-Hill, Inc. 1959.

17. 王盈錦，生物醫學材料。國立編譯館。民國 91 年。

18. 劉國雄、林樹均、李勝隆、鄭晃忠、葉均蔚，工程材料科學。全華科技圖書。民國 94 年。

第二章　骨骼與軟骨生物力學

2.1 骨骼形成及組成

胚胎在發育初期包含了三個主要胚層，分別為外胚層、中胚層及內胚層。不管是軟骨還是硬骨的形成，皆起自於間葉組織（mesenchyme），而間葉細胞（mesenchymal cells）源自於中胚層。硬骨母細胞（osteoblast）由間葉細胞直接分化之後即形成硬骨；軟骨母細胞（chondroblast）由間葉細胞分化後即形成軟骨，而軟骨可再經由軟骨內骨化變為硬骨。

骨骼發展可大略分為出生前與出生後兩個時期，出生前主要是由胚胎之間質結締組織而形成，稱為膜內骨化（intramembranous ossification），例如富含第 I 型膠原蛋白（type I collagen）的頭顱骨、鎖骨等。這種從無到有的形成生長過程，稱之為「硬骨形成」（bone formation）。另一個時期為出生後時期，指的是骨骼生長速度快的嬰兒期及青春期，該時期由軟骨內骨直接骨化形成硬骨，稱為軟骨內骨化（endochondral bone formation），例如富含第 II 型膠原蛋白（type II collagen）的上下肢體骨、胸骨等。

以重量來看，正常的人類骨骼中所含有機物質主要為第 I 型膠原或第 II 型膠原等有機物質，占了骨骼成分 30% 左右的比例；其他則包括礦物質等無機物質，占總骨骼重量的 60%，為骨骼的主要固形物；水分則占有 10%。無機物質大多為鈣與磷等礦物質，結合成為氫氧基磷灰石 $Ca_{10}(PO_4)_6(OH)_2$（hydroxyapatite）的細小結晶體，同時也含有一些碳酸鹽類、氟化物等其他分子 [1]。而由體積的觀點來看，膠原等有機物質占 35%；礦物質等無機物質占 40%，其他水分則占 25%。骨骼對於人體而言同時也是最主要的鈣等必要礦物質儲存處。

以巨觀結構而言，骨骼包含兩種骨組織類型：皮質骨（cortical bone）或稱爲緻密骨（compact bone），以及鬆質骨（cancellous bone）或稱小樑骨（trabecular bone）。皮質骨爲骨頭的外殼或皮質，結構緻密類似於象牙。鬆質骨則爲骨骼的內層，由骨小樑（trabeculae）以柱狀或板狀形態相互連接所構成，當中的空隙則充滿了紅骨髓。鬆質骨並沒有哈氏管的構造，骨細胞的養分來源則爲通過骨小管，從經過紅骨髓的血管所獲得。皮質骨包覆於鬆質骨之外，皮質骨與鬆質骨的含量比例因人體不同部位及不同生物力學作用而有所不同。

2.2 成熟骨骼之分類及功能

人體之成熟骨骼約爲 206～208 塊，發展至成熟時，骨頭被分爲四個基本類型或分類。骨的分類主要是基於形狀的骨。（圖 2-1 及圖 2-2）

1. 長骨：例如股骨、脛骨、腓骨、橈骨、尺骨、肱骨。長骨主要承受彎曲強度和吸收在某些點的應力。一般結構包括長及相對窄的部分稱爲骨幹端，而兩個球根型末端稱爲骨骺端。

2. 短骨：短的骨頭基本上呈現的體形是寬長且是近似的。例子是在手腕和腳踝的骨頭。

3. 扁平骨：大致上爲平板狀形態。它們提供相當的保護和提供肌肉附加的表面積。例如扁骨、顱骨、肩胛骨等。

4. 不規則骨：不落入其他三個類別。它們有複雜的形狀和骨頭像椎骨。

由功能性的角度來看，硬骨爲人體的主要支持構造，提供身體以下功能：

1. 保護器官：主要由扁平骨搭配不規則骨來達成保護人體重要的器官。例如顱骨用以保護腦部組織，胸骨保護胸腔內臟器，骨盆（由

薦椎、髂骨、坐骨與恥骨組成）保護骨盆腔內的臟器。

2. 支撐人體結構：骨骼除了保護人體重要器官之外，另外一個重要功能為支持人體，使得人體能夠運行各種姿勢，並展現各種運動。人體的骨骼肌肉系統便是當肌肉產生收縮時，同時帶動骨骼結構，肌肉與骨骼巧妙的排列並且密切合作，可以達成各種動作，例如彎腰、寫字、打擊棒球等。

3. 造血：骨骼形成之髓腔內有骨髓，是人體最大的造血器官。髓腔內包含紅骨髓與黃骨髓二種，提供極佳的造血功能。在胚胎時期和嬰幼兒時期，所有骨髓均有造血功能，由於含有豐富的血液，呈現紅色，故稱為紅骨髓。約從五歲起，長骨骨髓腔內的骨髓逐漸為脂肪組織所代替，變為黃紅色且失去了造血功能，稱為黃骨髓，成人的紅骨髓則存於鬆質骨內。

4. 儲存礦物質：骨骼中儲存豐富的鈣與磷等礦物質，或是結合而成的氫氧基磷灰石（$Ca_{10}(PO_4)_6(OH)_2$）細小結晶體。人體可以利用內分泌系統調節內部平衡，例如降鈣素釋放會使得血液中鈣含量減少，儲存至骨骼中，如果血鈣過低，副甲狀腺素釋放促使骨骼釋放鈣離子以平衡不足之血鈣。

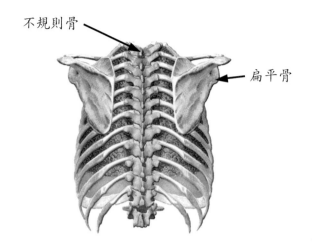

不規則骨

扁平骨

圖 2-1　長骨及短骨

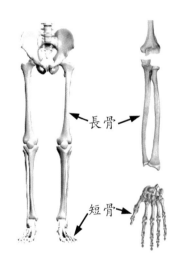

長骨

短骨

圖 2-2　扁平骨及不規則骨

2.3 骨骼的力學特性

2.3.1 骨重塑性（bone remolding）

　　骨骼重塑過程遵守的原則稱之為沃爾夫氏定律（Wolff's law），此定

律指出骨骼每一個受力的變化，都會隨之產生內部結構和外形的因應變化。因此，當張力或壓力加在骨頭上時，骨內之骨小樑會自己排列發展，以適應這些張力或壓力線。骨骼使用增加，會使骨細胞增生（hypertrophy）和骨質量增加；反之不使用骨骼，則造成骨增生不良（hypotrophy），和骨質量減少。

　　舉例而言，髖關節股骨頭、頸處骨小樑的排列方向明顯遵循沃爾夫氏定律，可以說明股骨上端與負重的關係。由額狀面看，股骨頭的壓力曲線與髖臼骨下傳的曲線相一致，終止於股骨幹內側緣的皮質骨，張力曲線呈拱形向外而下，終止於外側皮質骨，兩線之間有細樑相連，中間有一骨質密度減低區，稱為 Ward 氏三角。股骨近端有兩個主要骨小樑系統 (1) 壓力組：承受關節作用力，起自股骨幹內側，向上擴展至股骨頭以及大轉子部位；(2) 張力組：(a) 承受彎矩（bending）：即張力小樑曲線，起自股骨外側皮質，向上內彎曲，與股骨頭的壓力小樑曲線相交；(b) 受外展肌力量作用：大轉子的骨小樑系統，在大轉子部位。（圖 2-3）。

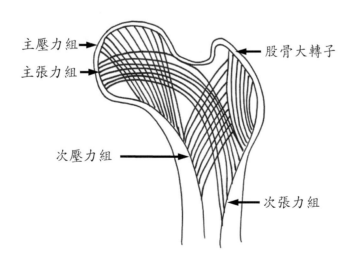

圖 2-3　股骨頭及股骨近端的骨小樑排列

2.3.2 黏彈性質（viscoelasticity）

　　骨骼肌肉系統組織都是屬於黏彈材料，包括骨骼、軟骨組織、肌肉、肌腱以及韌帶組織等等。黏彈材料的特性之一就是受到外力後，應力與應變關係會呈現遲滯現象（hysteresis）如圖 2-4。這與彈性物質不同的地方是，彈性物質在彈性限度內受力時會瞬間產生變形，當受力消失就會沿著原來的應力－應變路徑回到原始狀態，但黏彈物質在受力消失後不會即時恢復原本狀態，由不同的應力－應變路徑回到原始狀態。

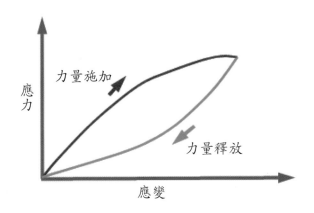

圖 2-4　黏彈材料在彈性限度之下應力與應變關係圖

2.3.3 骨骼在不同應變速率（strain rate）下的強度

　　由於硬骨屬於黏彈材料，對時間參數具有效應，亦即在不同的負載速率下，骨骼會有不同的材料特性，如圖 2-5 所示。硬骨在較高的應變速率下，呈現較堅硬且能承受較高的破壞受力值，此外，也能儲存更多在破壞點的能量。相對的，在較低的應變速率下，呈現相對較不堅硬、承受較低的破壞應力及儲存較少的能量。

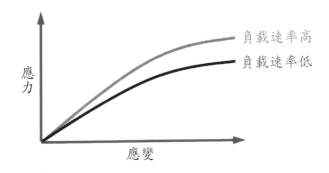

圖 2-5　在不同的負載速率下骨骼反應出不同的材料特性

2.3.4 非等向性的力學性質

　　骨骼屬於非等向性（Anisotropic）、非均質性（Nonhomogeneous）材料，非等向性亦即骨頭在不同方向下，展現的力學性質不同，如圖 2-6，股骨在沿著長軸不同角度的張力測試下，沿著長軸方向（軸向試塊）的張力強度最強，而垂直長軸方向（水平試塊）的表現最差。皮質骨在軸向之楊氏係數（Young's modulus）約為 18 GPa，橫向約為 11 GPa；而海綿骨（小樑骨）的楊氏係數相較於皮質骨而言較低，約在 0.04～0.1 GPa 之間，且其強度與人體部位以及受力承受方向有關 [2]。

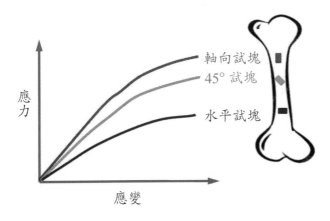

圖 2-6　骨骼非等向性的材料特性

2.3.5 骨骼在不同受力模式下的強度

　　人體成熟骨骼在壓力、張力與剪力下有著不同的特性。皮質骨能承受較大的壓應力（約 190 MPa），其次為張應力（約 130 MPa），在抵抗剪切應力方面強度最小（約 70 MPa）（表 2-1）[3]；而鬆質骨的抗壓與抗張應力強度分別約為 50 MPa 與 8 MPa。在臨床生物力學的表現上，壓應力通常會造成壓力性穩定骨折，張應力及扭轉所引起的骨折會較為嚴重。

表 2-1　皮質骨在不同受力方向下的各種應力強度 [3]

	應力模式	極限強度（MPa）
軸向	張應力	133
	壓應力	193
	剪切應力	68
水平方向	張應力	51
	壓應力	133

2.3.5 硬骨在重複負重下的特性

　　造成骨折的原因可能是受超過最大強度之瞬間衝擊外力所致，但也可能是受低強度、高重複次數所致，又稱為疲勞性骨折（fatigue fracture）。疲勞破壞可使用強度對應重複週期數（S-N 曲線）來表示物件材料的疲勞強度，由圖 2-7 可以看出，骨頭在承受壓力、張力或剪力時，會呈現不同的 S-N 曲線，不同受力強度造成疲勞性骨折所需重複次數不同，骨頭承受壓縮性疲勞的耐受強度會較張力疲勞高，剪力疲勞最弱 [4]。臨床上造成疲勞性骨折主要是源自於重複性運動或工作環境型態受到外在力量的重複影響，並且承受重複的不當受力所造成。

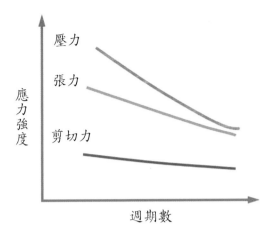

圖 2-7　骨頭在承受壓力、張力或剪力時，會呈現不同的 S-N 曲線。

2.3.6 皮質骨與鬆質骨的力學性質

　　皮質骨的勁度比鬆質骨高，在材料試驗產生破壞之前能夠承受較大的應力強度，然而相對其能抵抗的應變會較低。鬆質骨在達到降伏點之前，可以產生 50% 的應變量，而皮質骨卻只能達到 2.0%。由於鬆質骨是多孔的結構，所以能夠儲存較多衝擊能量 [5]。鬆質骨與皮質骨之間的材料性質差異可由圖 2-8 來獲得了解，其為在相同測試條件下皮質骨與鬆質骨的典型應力 — 應變關係。描述骨骼的強度，最好能夠以應力 — 應變曲線來呈現完整的表現。

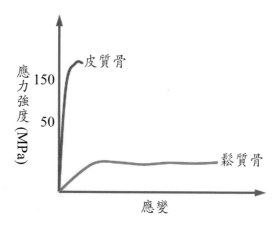

圖 2-8　鬆質骨與皮質骨之間的材料性質差異

2.3.7 年齡對於硬骨性質的影響

　　隨著年紀變化增長，骨頭的彈性模數會逐漸下降 [6]。骨骼組織發育成熟後，幾何外形改變不大，經過約 40 歲之後，骨質會因為老化現象產生明顯變化，而使得人體骨骼的材料強度產生下降，骨形成與骨吸收作用機制皆產生下降，但會趨於骨吸收大於骨形成的平衡狀態。對於骨骼的幾何外形明顯變化為皮質骨厚度產生薄化。

　　骨骼呈現的整體強度取決於骨的大小和形狀，其中又以皮質骨厚度，橫截面面積和慣性矩（Moment of inertia）為決定關鍵參數。以股骨長骨而言，由於慣性矩與長骨皮質骨的外徑（R）及內徑（r）有關，外徑小幅增加可顯著提高其抗彎曲和扭轉能力，抵抗彎矩和扭轉能力與（R^4-r^4）成一正比關係。骨骼老化的結果，會導致骨礦物含量下降，對於骨骼的幾何外形會產生顯著影響。以圖 2-9 為例，老年人的長骨外直徑和內直徑相較於年輕人會有增加，且內徑的增加更為顯著，因此會導致較薄的皮質骨，骨的抗彎曲性或抗扭轉能力顯著減少。

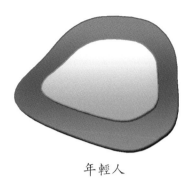
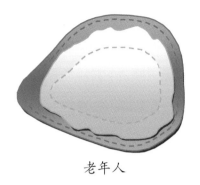

年輕人　　　　　　　　老年人

圖 2-9　老年人的長骨外直徑和內直徑相較於年輕人會有增加（內徑的增加更為顯著）。

2.3.8 骨折癒合生物力學

　　骨折癒合分為二種類型：直接癒合及間接癒合。直接癒合僅發生在絕對穩定固定時，它是骨單位重建的生物過程。絕對穩定使骨折部位的修復組織在生理負荷下的應變完全消除，例如使用加壓螺釘或骨板方式固定，可將應變減少到臨界值以下，可以減少骨痂形成的刺激，使骨折的癒合沒有出現肉眼可見的骨痂。間接癒合發生於相對穩定固定時（彈性固定方法），除了加壓技術外，所有的固定方法均可視為彈性固定。間接癒合其特點是骨痂形成，其癒合的四個階段為炎性期、軟骨痂形成期、硬骨痂形成期及重塑形期。骨痂形成需要一定程度的力學刺激，骨折塊之間的相對活動可刺激骨痂的形成，加速骨折的癒合。Perren 應變理論 [7] 解釋了力學對於骨折癒合的影響，骨折處的微小運動所造成的形變會在骨折處增生組織產生應變（Strain, $\varepsilon = \Delta L/L$），此應變會決定骨折處分化增生組織的形成，當應變程度為 2% 以下時，會直接產生骨形成；當應變程度為 10% 以下、2% 以上時會產生軟骨鈣化；當應變程度為 10% 以上時，則產生肉芽組織（granulation tissue）而無法癒合。（圖 2-10）因此，當骨折端的活動過大時，硬骨痂無法橋接骨折端，在骨折癒合的後期，過度的負荷使骨

折塊發生過多的活動不利於骨折的癒合；但是，當應變過小時（固定裝置過於堅硬）骨痂則無法形成，會產生低應變的環境，此時會發生骨折不癒合或延遲癒合。粉碎性骨折可允許骨折塊之間有更大範圍的微動，因為其總合活動被不同的骨折平面所分擔，因此減少了骨折間隙中組織的應變。

目前已有臨床證據顯示彈性固定可刺激骨痂的形成，從而促進骨折的癒合，使用隨內釘、外固定架、橋接鋼板固定皆可觀察到這一現象。複雜性骨折（骨折間隙大）用橋接鋼板穩定固定後，骨折端雖有活動，但應變小，骨折發生有骨痂形成的癒合（間接癒合）。相較於大的運動，小的骨折骨塊間運動（<1 mm）會產生更好的骨癒合效果。然而，小於 1 mm 範圍內的最佳癒合參數仍然未定。

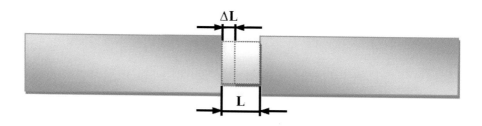

圖 2-10　骨折處的微小運動所造成的形變會在骨折處增生組織產生應變

2.3.9 股骨頸骨折

在正常步態之下，在股骨頸的上方及下方為應力較大的區域，最大壓應力發生在股骨頸下方區域，此區域皮質骨層厚，相對較小的拉伸應力發生在上方皮質骨層，此區域皮質骨層較薄 [8]。側身跌倒地面反作用力衝擊到股骨大轉子，是最直接造成老年人髖部骨折的原因，此力學模式作用之下，股骨頸力學角色是最弱的。當應力狀態由地面衝擊落在大轉子區域時，股骨頸受到的應力模式是與正常行走或站立時相反的，最大壓應力發生在上方股骨頸區域，而較小的拉伸應力發生在下方的區域（圖 2-11）。

年老的人，其上方股骨頸皮質骨層厚度明顯較年輕人薄，而下方皮質骨層則明顯較厚 [9]。側身跌倒是中老年人更爲頻繁的意外，因此較大的壓應力會發生在上方股骨頸皮質骨，而中老年人這個區域更薄易導致骨折。研究指出，股骨近端的骨折通常開始於股骨頸上方的區域 [8-9]。

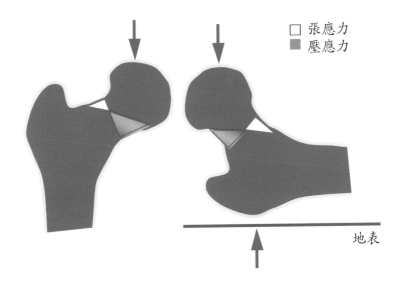

圖 2-11　正常步態之下（左）與側身跌倒地面反作用力衝擊大轉子（右）的力學模式差異。

2.4 關節軟骨解剖構造

　　關節軟骨（articular cartilage）是一種特殊的結締組織，位於人體的可動關節處，覆蓋在骨頭股骨頭接觸的兩端，結構就像一塊充滿水的海綿，水分約占總重量的 80%，軟骨細胞（chondrocyte）散布於關節軟骨之中，占其組織體積不到 10% 的比例 [10]。軟骨細胞分布相當稀疏，是負責製造、分泌、合成及維持海綿多孔性結構的胞外基質（extracellular matrix, ECM）的主要有機物質。細胞外基質是由大量的水分及許多種大

型生物分子所構成，包括膠原蛋白（主要為第 II 型膠原，也含有第 V、VI、IX 及 XI 型膠原）、蛋白多醣（proteoglycan, PG）及基質金屬蛋白酶（metalloproteinase, MMP）所構成。正常的關節軟骨中，膠原的含量占軟骨溼重之 15～22%，而蛋白多醣則占 4～7%，水分、無機鹽類及少量的其他基質蛋白、醣蛋白（glycoproteins）及脂肪則占 60～85% [11]。膠原纖維與蛋白多醣均具有結構性，可構成強而有力的網狀結構，以承受軟骨在承重時內部所產生的壓力。再加上蛋白多醣有親水性，使得水分聚集，而使得它具相當的壓縮功能，能夠承擔壓力，在可承受的限度下，可在極小摩擦的情況彼此相對移動，因此當軟骨本身出了問題後，就無法承受壓力與實行減壓的功能，然後導致一連串的變化。

軟骨中並沒有血管和神經分布，是一個非常特殊的構造，其細胞養分的輸送及代謝廢物的排出，是由滑液和軟骨膜的微血管靠動態壓縮擴散而來，因此造成軟骨細胞活性不佳，一但軟骨受到傷害，便很難修復。而當受傷的程度到達軟骨下骨（subchondral bone）時，會引發修復反應。

2.5 軟骨組織分類

軟骨細胞所合成的胞外基質是軟骨組織主要發揮功能的角色，這些基質包含了大量的水分、膠原蛋白、蛋白多醣、基質金屬蛋白酶及其他小分子化合物，依照軟骨基質內膠原蛋白的種類和含量可將軟骨分為以下三種：

1. 透明軟骨（hyaline cartilage）

透明軟骨呈現一種似玻璃的半透明狀，主要成分為第 II 型膠原。透明軟骨為身體最常見且最多的軟骨型態，其基質為嗜鹼性（basophilic matrix）且分布均勻。軟骨膜（perichondrium）通常包覆在透明軟骨上面。透明軟骨主要分布於關節表面、喉部、鼻子、

肋軟骨、支氣管、呼吸道軟骨及椎間盤髓核（nucleus pulposus）等部位。

透明軟骨是關節軟骨的主要成分，且表面光滑，不包含脈管系統與神經纖維，所以軟骨一旦發生損傷，並不會感到疼痛，往往錯過適當的治療時間；加上軟骨組織中沒有血管及血流的存在，所以也無法對傷口進行修復的反應。當缺損部位持續存在又無法修復，而關節無時不刻承受著人體的體重，日復一日的進行往復摩擦作用，導致軟骨逐漸磨耗、缺損日漸擴大，最後將軟骨完全磨損，進而磨蝕至軟骨下硬骨，傷及硬骨下神經及血管，而感到疼痛並導致出血。

2. 彈性軟骨（elastic cartilage）

彈性軟骨的顏色較偏黃色也較具有彎曲性，彈性軟骨的基質中除了包含與透明軟骨一樣的基本成分外，另還含有大量等向性交織而成的彈性纖維（elastic fiber）。和透明軟骨一樣，具有軟骨膜的構造，而與透明軟骨最大的不同是彈性軟骨不會鈣化。彈性軟骨多存位於耳殼、外耳道及鼻子尖端等位置。

3. 纖維軟骨（fibrous cartilage）

纖維軟骨其基質含量很少，其基質的成分主要由第 I 型膠原所構成，組織間質中具有大量厚而密集成束的膠原纖維。纖維軟骨與透明軟骨、彈性軟骨最大的不同在於它沒有軟骨膜。當纖維軟骨出現，代表此部分需同時具備對抗壓縮及變形的能力，常見於椎間盤纖維環、恥骨聯合、圓韌帶和半月板等位置。

2.6 關節軟骨的結構與功能

關節軟骨主要為透明軟骨，關節軟骨依據基質形態及生化特性，可分為四層：表層區（superficial zone）、轉變區（transition zone）、深層區（deep zone）及鈣化層區（calcified zone）（圖 2-12），每一層可再清楚的分為三

個部分，這三部分圍繞著軟骨細胞，分別是：細胞周質（pericellular），胞區質（territorial）及胞區間質（interterritorial）；其中細胞周質及胞區質作爲細胞與基質接觸的橋梁，並且當組織受力時，提供保護細胞的作用。細胞周質是由膠原蛋白以外的其他蛋白質所組成，這些蛋白皆是能與軟骨細胞接合的結合蛋白。而胞區質則是由膠原蛋白纖維所組成，這些膠原蛋白纖維呈伸展狀，並包覆著兩個以上的軟骨細胞；離軟骨細胞最外圍部分爲胞區間質，包含其中的纖維直徑明顯加粗，且大量纖維平行排列；這個部分肩負著組織主要的力學特性。以下則依據軟骨組織的基質型態及生化特性，分爲四層：

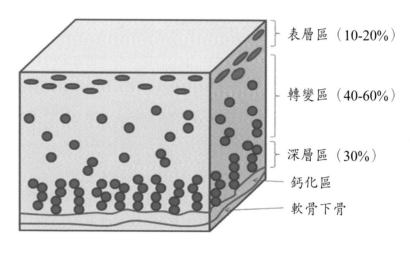

圖 2-12　軟骨組織構造

1. 表層區

　　厚度 10～20%，由細的膠原纖維排列，且排列面與關節面平行。

　　爲軟骨組織中最薄的部分，分爲上、下兩層。上層非由細胞所組成，明顯的是由膠原纖維所構成的薄層，覆蓋在關節面上。下層則是由扁平的軟骨細胞所構成，而細胞拉伸的主軸沿著軟骨表面平行排

列。此層與其他層比較，含有較多的膠原蛋白及較少的蛋白多醣，而且有大量的纖維連接蛋白（fibronectin）及水。由這些組合，使得這部分具有較強的拉力，以抵抗關節面滑動的剪力。此外，表層區亦扮演軟骨組織抵抗壓力的重要角色，及提供使用免疫標示法標定軟骨時所需的表面抗原。

2. 轉變區

厚度 40～60%，纖維間空間變大，纖維方向任意排列。

本部分的軟骨細胞成圓球狀，細胞內包含著內質網、高爾基氏體等分泌性的胞器。細胞外基質則含有較多的膠原蛋白纖維及蛋白醣，但其膠原蛋白及水的含量則較少。此部分中的纖維則相對於關節表面呈傾斜或隨意（接近垂直）排列。

3. 深層區

厚度 30%，纖維之方向與潮標（tidemark）垂直。

是軟骨組織中最大的部分，其內膠原蛋白纖維直徑最粗，且蛋白醣的含量最多，水分的含量最少。細胞外觀亦為圓形，且垂直關節表面呈圓柱狀依序排列，而這區域的底部則是以圓柱的底端為依據。此部分的軟骨細胞具有高度的合成能力——約為表層細胞的十倍。細胞外的纖維排列方向再度改變，其方向完全與關節面垂直。

4. 鈣化區

此層組織緊密的排列在軟骨下硬骨的上方，且扮演著由透明軟骨至硬質骨的中間介質。因為此部分正好夾在軟骨與堅硬的骨頭中間，所以承受著明顯的剪力。這裡的軟骨細胞非常小，不含有內漿質網 [12]。

2.7 軟骨下骨

　　關節軟骨接壤在軟骨下骨之上，以微觀來說，軟骨嵌入軟骨下骨不規則的表面，類似鋸齒結構（圖 2-12），這樣的形態可使得介面處的剪應力轉移為張應力及壓應力。軟骨下骨包含骨髓及小樑骨，許多動脈末端分枝及靜脈竇分布其中，這些靜脈竇網狀組織對於高剪應力或壓應力較易發生受傷。軟骨下骨血流速為鬆質骨的三至十倍，且厚度隨著血供、年齡、體重、位置及功能不同而有所差異，通常承重部位的關節軟骨下骨較厚。

　　軟骨下骨是一個比軟骨要好的衝擊吸收器，可保護軟骨免於傷害。雖然軟骨藉由含水豐富的結構可消除衝擊力量，但僅有 1%～3% 的力量被軟骨減弱。正常軟骨下骨可減弱約 30% 的關節受力，且相較於軟骨來說，由於較為堅硬，因此較容易產生微創傷，導致骨髓水腫、出血及壞死，尤其是受到劇烈的重複荷重之下。重複性的微傷害可能會引起一個修復機制，激發血管纖維組織、蝕骨細胞及造骨細胞，最後則會形成新生骨，亦即軟骨下骨硬化。

　　軟骨及軟骨下骨受到過重負荷之後會在軟骨中產生結構性改變，包括纖維傷害及異常蛋白基質的產生，導致深層軟骨水腫，假如過度荷重持續存在，最後將造成軟骨完全消失。軟骨結構性改變或許是由於過度承重的關係，但也可能是因為軟骨下骨硬化導致的血管化減少所造成的影響，但至於軟骨下骨硬化影響軟骨結構有多少仍是未知。然而在荷重及非荷重下，軟骨及軟骨下骨在營養狀況、血管化及酵素產生具有互相聯結的關係，因此軟骨下骨對於軟骨的功能維持具有相當重要之意義。

2.8 關節軟骨生物力學特性

　　關節軟骨其主要提供活動時的穩定度，並將活動時的摩擦減至最小。其組織特性十分堅硬且耐磨耗，能抵抗體重的壓力；當其受壓時，提供類

似汽車避震器的功能，利用組織的黏彈特性，產生潛變（creep）及應力鬆弛（stress relaxation）作用，並將負重散布至整個軟骨組織，而目前並無替代物能完全取代軟骨的功能。

　　軟骨組織和下方的骨骼，在結構上有明顯的不同，骨骼組織有豐富的血管和神經系統，所以硬骨組織的新陳代謝非常旺盛，而軟骨組織則沒有任何血管和神經結構，主要的養分是由周圍關節液中擴散而來，因此軟骨組織的新陳代謝非常緩慢。關節透明軟骨能夠感受到關節面的壓力與關節面平行的張力，且發揮其獨特的生物化學及物理特性，主要是基於蛋白多醣能夠保持住基質中的水分，以及調節水分流動來承受荷重壓力，並且恢復彈性；其次，則是由於膠原纖維能夠抗拒張力，並且保持蛋白多醣在適當的位置。因此，關節軟骨對於人類在行動時扮演著保護骨頭相當重要的角色。主要力學特性如下所述：

2.8.1 關節軟骨基本生物力學功能

1. 傳導荷重

　　膠原纖維有良好的抗拉伸強度和剛度。在關節軟骨基質中的膠原纖維有其特殊的排列，即膠原纖維的拱形結構及薄殼結構，這種結構大大增強了纖維的抗拉伸強度及剛度，使關節受力性能更佳，是傳導荷重極重要的結構基礎。

　　當關節軟骨負載時，膠原纖維的張力消失，纖維的拱形結構發生壓縮變形，蛋白多醣分子與水大量移動。水分可向兩側移動也可滲透到軟骨表面並進入關節腔；蛋白多醣則發生形態改變，並因水分的丟失而導致其濃度增加，隨即又增加膨脹壓，直至膨脹壓與外界壓力相平衡。這樣減耗外來的壓力，並沿膠原纖維的方向將傳遞過來的壓力分散到軟骨下骨。又可因軟骨變形而使關節面的接觸彼此適應，並隨負荷傳導的增加而使接觸面逐步擴大（即軟骨的順應性），

以保持其壓力處於可接受的低水準。卸載時，壓力消失，膠原纖維的拱形結構回復原狀，膠原纖維呈現全部張力，液體回到軟骨內，蛋白多醣的膨脹力受到抑制。除上述負載和卸載過程是載荷傳導的過程以外，它能「擠出」軟骨代謝的產物並「吸入」滑液中的營養成分，為軟骨提供營養和維持軟骨細胞的外環境。被「壓出」的水分（負載時），又是關節良好的天然潤滑劑。

膠原纖維細長，有良好的抗拉伸應力，但單個纖維卻沒有承受壓力的能力；而含水的蛋白多醣雖然只能承受很小的拉伸力，但有良好的抗壓力。膠原纖維和蛋白多醣這兩種截然不同的性質在軟骨功能上起到互補的作用；而且，黏稠的毛刷狀的水化蛋白多醣分子圍繞在膠原纖維周圍，並柔和地附於這一纖維網路的閉合系統中，就能承受很大的壓應力。從這意義上說，軟骨所具有的傳導載荷功能是膠原纖維和蛋白多醣功能的協同表達。

2. 吸收震盪

蛋白多醣共聚體分子水準的變化與關節軟骨的彈性有直接關係。蛋白多醣的親水性很強，故在水中有很大的溶解度。又因為蛋白多醣分子上有固定的負電荷存在，它可以吸附一層 Na^+，Ca^{++} 正離子以中和這些負離子；相鄰的蛋白多醣分子鏈上的負離子相互排斥，使軟骨基質保持一種硬的伸展結構狀態。蛋白多醣濃縮液體通過滲透作用達到稀釋，因此有一種膨脹的趨勢；但由於膠原纖維特殊的拱形結構而將蛋白多醣包繞於其中，形成一完整的閉合系統而阻止了蛋白多醣的無限膨脹。因此，即使未受外界應力，軟骨基質有一約 0.35 MPa 的滲透膨脹壓（或稱預壓）。

蛋白多醣共聚體與水溶液接觸後會充分地膨脹，體積達到該溶液的體積為止。欲使已膨脹的體積變小是很困難的，需要相當大的力量

將共聚體之間的溶液排出才能達到目的。如果用足夠的力使蛋白多醣共聚體的體積變小，而一旦去掉或不能維持足夠的力，則蛋白多醣共聚體將重新膨脹到其所能得到的液體的最大體積，這就表現出軟骨的彈性。在載荷傳導過程中，由於軟骨具有上述彈性，所以它能中斷並逐漸消除跑、跳時可能產生的衝擊力。同時，膠原纖維形成的線樣或繩索樣結構，其直徑明顯不同，膠原索又交織成網狀或板層狀，能有效地吸收震盪和超寬範圍震動頻率的能量。

3. 抗磨損

任何兩個面相對運動都會產生摩擦，摩擦會使作用面產生不同程度的磨損。所謂磨損是指通過機械作用去除固體表面的物質。它包括承載面之間的相互作用引起的介面磨損和接觸體變形引起的疲勞性磨損。關節軟骨在滑液關節中作為骨的襯裡材料表現出高度的潤滑性能。這主要依靠其平整光滑的表面及其在關節潤滑機制中所起的作用。這些作用使正常關節的摩擦係數幾乎等於零。

迄今為止，人們依然認為成人的軟骨是不能再生的，但它卻能保持一生不會磨損破壞。這除了關節有良好的潤滑以外，關節軟骨本身的結構也極有利於抗磨。關節軟骨表面層的膠原纖維形成一層平行於關節面的薄殼結構，成為關節軟骨的遮蓋面，保護關節軟骨抵抗各種應力的破壞及免受機械的磨損。但當關節軟骨損傷時，即使僅是超微結構的損傷，也會導致軟骨滲透性增加，液體流動的阻力減小，液體從軟骨面流失，從而增加了關節兩端面的接觸而加深研磨，加劇軟骨的損傷，形成一惡性循環。此外，在載荷作用下，軟骨面反覆變形，即使是小分子材料具極強的強度，但由於是反覆作用也容易造成軟骨基質中的膠原拱形結構斷裂以及蛋白多醣分布的變化，從而產生疲勞性磨損。再者，一些病理因素如先天性髖臼發

育不良、股骨頭滑脫、關節內骨折等均可因幾何形狀變化而導致關節面的不協調，增加了關節軟骨間的磨損；其他則如由於局部高壓應力也會導致關節軟骨的損傷。

舉例而言，膝關節軟骨在股骨和脛骨之間，厚約3～9毫米，此軟骨的功能，就是靠其極平滑的表面，使摩擦作用所造成的剪應力減至最低，讓關節能圓滑的進行活動。另外軟骨可以吸收來自外力的衝擊，好比是摩托車避震器，給予整個骨骼運動系統一個緩衝機制，避免突如其來的壓力或震盪對人體造成傷害，而軟骨細胞外基質則是軟骨組織中發揮保護功能最主要的角色。

2.8.2 黏彈性質

當材料受到持續而固定（具時間獨立性）的負載或變形作用時，將會隨著時間而產生變化，則該材料具有黏彈性。理論上這種材料可利用黏性液體（如緩衝器）及彈性固體（如彈簧）建構一套模型進行描述，這個模型便存在著黏彈性質。基質中含有的膠原、蛋白多醣和水這三者間所產生的特性稱為黏彈性質，即在固定壓力或固定變形量的反應變化，軟骨的黏彈性質最主要是由於水可自由進出軟骨所造成。

1. 潛變反應

軟骨潛變是指雖然作用於材料的內力（應力）固定不變，但材料之變形（應變）卻會隨時間增加而逐漸成長的現象。例如圖 2-13 之桿件，承受固定大小之 F 力作用，桿件的初始變形為 ε_0，雖然受力不變，但其變形量卻隨時間而逐漸增加，最後會趨近於定值 ε_1。

O'Connell 等人 [13] 研究潛變過程中，軟骨的強度變化，結果顯示在施加 2000 N 於腰椎椎間盤時，椎間盤軟骨的勁度在初期會產生 20～25% 的增加，然而隨著時間增加，勁度會產生遞減，回歸到

原來的勁度數值（1498 N/mm）。同時，椎間盤軟骨的位移平均爲
2.08 mm。

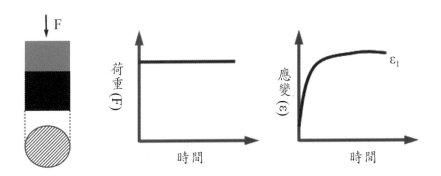

圖 2-13　潛變行爲過程中荷重與應變的對應關係

2. 應力鬆弛

應力鬆弛乃指在固定的形變（d）狀態下，材料中的內力（應力）
會隨時間增加而逐漸減小的現象。例如下圖之桿件，先將其拉伸並
將兩端點固定，其初始內力爲 σ_0。雖然變形量不再變化，但其內
力卻隨時間而逐漸遞減，最後會趨近於定值 σ_1。

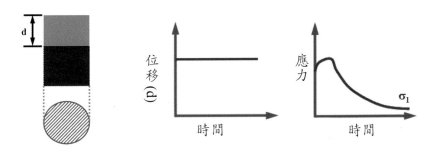

圖 2-14　應力鬆弛行爲過程中形變與應力的對應關係

2.8.3 軟骨在不同應力下的變形情況

軟骨其可伸張的強度與膠原纖維容量及排列有關，與蛋白多醣容量無關。也就是說膠原纖維的機械功能就是抵抗張力的負擔，當施加的張力平行於關節面時，表面膠原纖維的主要方向與垂直施於軟骨面作用力所產生的張力方向是一致的，如圖 2-15 所示。在軟骨的表層區，纖維的走向平行於表面而提供了這層的抵抗張力，而在轉變區及深層區的受力分布與表層區不同，使得張力發生在不同方向，因此膠原纖維網狀組織會有錯綜的排列，在深層區膠原纖維呈垂直排列傾向。膠原蛋白構成的膠原纖維組成堅韌的結構，有穩定軟骨及承受來自關節作用力產生之應力，使得軟骨組織禁得起磨損，而蛋白多醣則提供了軟骨的吸水特性，可以涵養適量的水分。當膠原纖維在不受力的情況下，會平均分布在各個方向。

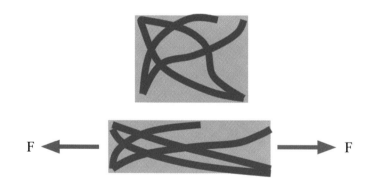

圖2-15　軟骨受力變形主要是改變軟骨中膠原纖維的方向，使其平行於受力方向。

至於軟骨受到外力之後，體積與外形的改變，當施以外力後瞬間，軟骨是呈現彈性的變形，而這種變形有90%以上可於外力除去後立即恢復。在最初立即變形的第一階段，由於基質與膠原纖維同時大力移動，引起外形輪廓的改變，但水分並未流出基質，因此體積不會產生改變，如圖 2-16 所示。之後若施與壓力超過基質膠體的滲透壓時，水分便自基質流出之

故，也就是說，關節軟骨在對抗壓力的特徵是：當外力＜膨脹壓（swelling pressure）時，會由膨脹壓力來抵抗；而當外力＞膨脹壓時，軟骨內的水分會被擠出，此時蛋白酶濃度升高，滲透壓變大，膨脹壓亦變大直至與外力相抗衡爲止。

受力前　　　　　　　　　　　　受力後

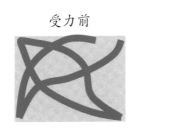 

圖 2-16　軟骨受力瞬間產生變形時體積並未改變 (a) 受力前，(b) 受力後

2.8.4 關節軟骨發生病變或損傷之原因

　　關節是構成人體活動不可缺少的部位之一，例如膝關節爲股骨與脛骨交接處，中間具有關節軟骨，周邊附著支持關節活動的韌帶和軟組織，使我們可以站立、行走、跳高、跑步 …… 等活動，然而當我們站立時，軟骨承受了很大的荷重，在平地行走時爲體重的四倍，爬樓梯時更可達到體重的七倍。關節軟骨可減輕、緩衝人體運動和重力造成的衝撞力，若長時間或長期受到重力的壓迫，超過軟骨所能負荷的大小或伴隨著軟骨代謝的不平衡，該處軟骨就會受到傷害，常見原因如：體重過重、長期劇烈運動、先天性關節結構不良、老化、遺傳因素或是因新陳代謝疾病所引起，如糖尿病、痛風等慢性病，及關節受細菌感染等疾病均是造成關節產生退化的因素。而關節炎最初病理變化是侵犯關節軟骨，隨後軟骨下方骨骼也會受到傷害，隨著年齡的增加，年長者比年輕人易罹患退化性關節炎（osteoarthritis, OA）。對於年輕族群，就要注意軟骨磨損導致關節軟骨缺損，像一些外來撞擊，如激烈運動傷害、車禍，都會引起軟骨缺損。以往

對於關節撞擊傷害，大都注重在前後十字韌帶斷裂重建，而忽略了軟骨缺損的復建，一但年輕時有軟骨缺損，則以後很容易產生退化性關節炎，而體重過重者其骨關節炎造成傷害的機率是一般人的兩倍。有些職業會從事一些重複性過重的工作，對於身體某一特定關節長期的使用一段時間，都會伴隨骨關節炎的發生。除此之外，在胚胎時期，基因調控異常，也會影響軟骨的發展，而造成先天軟骨發育不全。

2.9 退化性關節炎

退化性關節炎（OA），又稱為骨關節炎、老化性關節炎，骨關節炎是老化關節所形成的關節炎，而在病程早期，關節軟骨會失去光澤表面，然後關節表面漸漸破壞所造成的，身體任何部位的關節受到傷害後均可能發生，特別偏好在負重的關節上，又以膝關節為最常見，一般病狀就是膝關節酸痛、無力、腫脹、行走困難，有些病人站立時雙腿甚至無法靠攏，呈現 O 形腿的變化，由於膝關節長期使用，使得關節腔內軟骨的破壞及滑液的減少，軟骨細胞的過度作用，和基質中醣蛋白（PGs）和水分含量改變，及膠原蛋白缺乏，而醣蛋白喪失會造成生化性質的改變，包含彈性喪失與軟骨的軟化（chondromalacia），進而造成軟骨下骨硬化、壞死，變成囊狀空洞，而且關節滑液的彈性和黏稠度也比正常關節低很多，因為關節內的發炎物質會將玻尿酸破壞，使關節內玻尿酸含量減少，一般在中老年上的人較為常見，又以女性居多，女性有 25% 、男性有 15% 會罹患此疾病。退化性關節炎可以說是現代人常患疾病之一，症狀發作的情形通常非常緩慢，一般要經過幾年後才會逐漸出現，通常這些受到損害的關節，在從事需大量活動關節工作時，會非常疼痛，但經過休息後症狀則會減輕，晚期關節還有可能會變形，而使原本關節彎曲角度變小。如侵犯脊椎關節，則會造成僵硬、背痛，更可能形成骨刺（osteophyte），壓迫神經則

會造成神經痛。

　　退化性關節炎的過程為膠原蛋白與醣蛋白（PGs）基質消失、軟骨表面纖維化，隨之發生膠原纖維磨損，進而造成下方骨頭暴露。至少有三個因素對於 OA 過程具有重要影響：(1) 力學磨耗；(2) 基質合成及退化不平衡；(3) 環境因子，例如關節囊組織重塑等。以生物物理學觀點來看，OA過程可歸因於因力學磨耗產生的軟骨顆粒，促成細胞活化產生關節炎。力學因素對於軟骨退化具有重要之影響之角色 [14] ，圖 2-17 為軟骨退化的結構模型，在軟骨退化過程會造成各結構層之喪失；表層區喪失會進一步產生轉變區及深層區部位的應力集中，最後造成嚴重磨損，使得骨組織暴露。由力學因素引起 OA 發展的過程如圖 2-18 所示，首先經由創傷或力學因素導致軟骨細胞受到傷害，引發細胞活化，釋放如 Interleukin-1（IL-1）等發炎中介物，釋放及活化基質金屬蛋白酶及其他引起退化之酵素。這些酵素將導致膠原蛋白及 PGs 的破壞。由於細胞外基質磨損及撕裂的力學作用，引起磨耗顆粒及纖維化之產生，再次引發細胞活化，釋放使軟骨破壞之酵素，在此重複過程之下，將造成軟骨表層磨損，最後造成軟骨完全磨損。

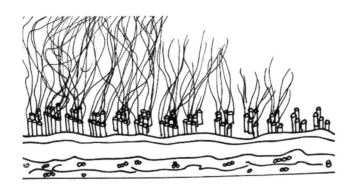

圖 2-17　軟骨退化的結構模型：隨著力學因素之作用，逐漸造成各結構層之喪失。

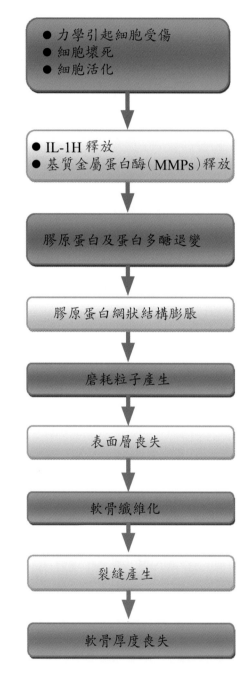

圖 2-18　力學因素引起的退化性關節炎發展之流程圖 [14]

　　關節軟骨除了提供關節活動時的潤滑之外，主要擔任力量緩衝及傳遞之功用，因此軟骨厚度及材料性質差異會影響下方骨頭的承受應力的大小。老化是一個影響軟骨厚度的重要因素，Karvonen 等人 [15] 指出在膝關節股骨承重部位的關節軟骨厚度隨著年紀增加而減少。爲何關節軟骨會隨著老化而變薄？隨著年紀增加，膝關節細胞結構會相對改變，伴隨空洞腔隙增加。由於軟骨細胞合成能力對於維持軟骨基質結構有重要之影響，因此隨著老化過程，細胞結構性減少會影響軟骨基本結構及完整性，造成軟骨厚度變薄。

　　另一方面，有相關研究指出 [16]，由於重複性的衝擊荷重作用於關節，軟骨下骨產生微創傷，進而造成骨組織硬化（stiffening），最後轉而導致上方軟骨的喪失及退化。軟骨損害的開始及延續爲具有不同之現象及成因，軟骨損害的開始是由於軟骨下骨劇升的勁度（stiffness），軟骨損害的延續則由於軟骨下骨硬化所造成，在此情況之下，容易進一步產生水平撕裂。軟骨與軟骨下骨的材料性質差異相當大，相對於軟骨而言，軟骨下骨具有相當高的剛性，因此，在外力作用下，微創傷可能會發生在較爲剛性的區域，亦即軟骨下骨；而重複累積的微創傷會進一步誘導骨頭的重塑現象、骨頭硬化及導致軟骨破壞。在一項使用兔子的研究結果指出，軟骨材料性質產生變化是發生在骨頭發生變化之後 [17]，其結果顯示髕骨軟骨在受到破壞之後，其材料勁度直到 12 個月之後才發生具有統計意義的改變，而在此之前，軟骨下骨厚度已產生具有比較意義的增加情形，因此作者認爲退化性關節炎是先由軟骨下骨首先發生變化而引起的疾病。

　　Radin 等人 [18] 在一項動物實驗研究中指出，在兔子關節軟骨模擬微創傷時，軟骨下骨硬化會造成潮標上升，亦即軟骨下骨厚度增加，導致上方軟骨厚度變薄。先前以人體股骨球頭爲對象的組織形態研究 [19-20] 也指出退化性關節炎股骨頭的軟骨下骨厚度較正常人爲厚。

Wei[21] 等人利用有限元素分析與建立包括髖臼和股骨近端的動態負荷模型，針對股骨近端髖關節軟骨中的應力分布與底層的骨骼機械性能變化造成的影響進行研究。結果發現，整體的軟骨下方骨骼（包括軟骨下骨及股骨頭）勁度增加，對於軟骨表面的剪切應力及應變能有輕度影響，而最敏感的效應為，當軟骨下骨勁度增加時對於上述參數有較顯著效應。在初始的軟骨力學退變，軟骨下骨起著主要的力學作用。

OA 的產生到底是先由軟骨或是骨頭開始發生改變，目前仍是個問號。歸納以上的研究結果，就力學角度來看，軟骨厚度的變化、軟骨下骨厚度的變化以及軟骨下骨材料性質的改變，皆是在 OA 發生的過程中所產生的力學或材料變化，為了了解 OA 形成的原因，對於以上各種力學因子如何影響 OA 的發展是一個值得深入探討的問題。

📖 參考文獻

1. Currey JD. Bones: Structure and Mechanics. Princeton, NJ: Princeton University Press; 2002.

2. Nicholson PH, Cheng XG, Lowet G, Boonen S, Davie MW, Dequeker J, Van der Perre G. Structural and material mechanical properties of human vertebral cancellous bone. Med Eng Phys. 1997; 19(8): 729-37.

3. Reilly DT, Burstein AH. The elastic and ultimate properties of compact bone tissue. J Biomech. 1975; 8(6): 393-405.

4. Zioupos P, Gresle M, Winwood K. Fatigue strength of human cortical bone: age, physical, and material heterogeneity effects. J Biomed Mater Res A. 2008; 86(3): 627-36.

5. Keaveny, TM, Hayes WC. Mechanical properties of cortical and trabecular bone. Bone. 1993; 7: 285-344.

6. Zioupos P, Currey JD. Changes in the stiffness, strength, and toughness of human cortical bone with age. Bone. 1998; 22(1): 57-66.

7. Perren SM. Physiological and biological aspects of fracture healing with special reference to internal fixation. Clin Orthop Relat Res. 1979; 138: 175-96.

8. De Bakker PM, Manske SL, Ebacher V, Oxland TR, Cripton PA, Guy P. During sideways falls proximal femur fractures initiate in the superolateral cortex: evidence from high-speed video of simulated fractures. J Biomech. 2009; 42(12): 1917-25.

9. Mayhew PM, Thomas CD, Clement JG, Loveridge N, Beck TJ, Bonfield W, Burgoyne CJ, Reeve J. Relation between age, femoral neck cortical stability, and hip fracture risk. Lancet. 2005; 366(9480): 129-35.

10. Stockwell RS. Biology of Cartilage Cells. Cambridge, UK: Cambridge University Press; 1979.

11. Mow VC, Ratcliffe A. Structure and function of articular cartilage and meniscus. In: Mow VC, Hayes WC, eds. Basic Orthopaedic Biomechanics. 2nd ed. Philadelphia: Lippincott-Raven Publishers; 1997: 113-177.

12. Temenoff JS, Mikos AG. Review: Tissue engineering of articular cartilage. Biomaterials. 2000; 21(5): 431-40.

13. O'Connell GD, Jacobs NT, Sen S, Vresilovic EJ, Elliott DM. Axial creep loading and unloaded recovery of the human intervertebral disc and the effect of degeneration. J Mech Behav Biomed Mater. 2011; 4(7): 933-42.

14. Silver FH, Bradica G, Tria A. Relationship among biomechanical, biochemical, and cellular changes associated with osteoarthritis. Crit Rev Biomed Eng. 2001; 29(4): 373-91.

15. Karvonen RL, Negendank WG, Teitge RA, Reed AH, Miller PR, Fernandez-Madrid F. Factors affecting articular cartilage thickness in osteoarthritis and aging. J Rheumatol. 1994; 21(7): 1310-8.

16. Radin EL, Rose RM. The role of subchondral bone in the initiation and progression of cartilage damage. Clin Orthop Relat Res. 1986; 213: 34-40.

17. Newberry WN, Zukosky DK, Haut RC. Subfracture insult to a knee joint causes alterations in the bone and in the functional stiffness of overlying cartilage. J Orthop Res. 1997; 15(3): 450-5.

18. Radin EL, Schaffler M, Gibson G, Tashman S. Osteoarthrosis as the result of repetitive trauma. In: Kuettner KE, Goldberg VM, eds. Osteoarthritic Disorders. Rosemont IL: American Academy of Orthopedic Surgeons; 1995.

19. Li B, Aspden RM. Mechanical and material properties of the subchondral bone plate from the femoral head of patients with osteoarthritis or osteoporosis. Ann Rheum Dis. 1997; 56(4): 247-54.

20. Grynpas MD, Alpert B, Katz I, Lieberman I, Pritzker KP. Subchondral bone in osteoarthritis. Calcif Tissue Int. 1991; 49(1): 20-6.

21. Wei HW, Sun SS, Jao SH, Yeh CR, Cheng CK. The influence of mechanical properties of subchondral plate, femoral head and neck on dynamic stress distribution of the articular cartilage. Med Eng Phys. 2005; 27(4): 295-304.

第三章　軟組織生物力學

　　軟組織，包括了肌肉、肌腱、韌帶、軟骨、關節囊、滑液囊等部分，它不像呼吸系統、消化系統、神經系統等醫學名詞一樣具有明確的定義。且相對於骨骼來說，甚至連皮膚、神經以及血管亦可被視爲是軟組織的一部分。正由於身體有了這些軟組織，不論在動或靜的狀態下，體內的各個器官皆能獲得極佳的支撐及保護，不會發生移位的狀況；此外，身體的動作也多靠著軟組織間良好的相互運作而得以平順地進行。

3.1 軟組織的生物力學特性

3.1.1 軟組織的結構特徵

　　軟組織的主要特點是具有大量結締組織纖維，結締組織起源於胚胎時期的間充質，具有連接、支援、保護等功能。其細胞少而排列稀疏，細胞間質非常發達。與人體運動有關的緻密結締組織多爲規則結締組織與不規則結締組織。軟組織的基質具有支援和固著細胞的功能，營養物質及代謝產物可自由地通過這層基質在毛細血管和細胞之間進行交換，基質的主要成分是纖維性細胞間質，間質中的纖維是由成纖維細胞合成的，它們對組織能起到支援和加固的作用，包括膠原纖維、彈性纖維。

　　膠原纖維新鮮時呈白色，又稱白纖維，由膠原蛋白組成，是一種較粗的、具有韌性的纖維，抗拉力強。膠原纖維分布在幾乎所有的結締組織中，特別是軟骨、骨、肌腱、韌帶和眞皮等部位；彈性纖維新鮮時呈黃色，又稱黃纖維，由彈性蛋白組成。它較膠原纖維細，有分支，交織成網，具有很強的彈性。主要分布於眞皮、血管壁和肺組織。

3.1.2 軟組織的生物力學特性

　　軟組織屬於彈性物質，具有彈性物體的物理學特性，有彈性體在物理學上的拉伸、壓縮、剪切、扭轉、彎曲 5 種形變，前三種是最基本的形變及塑性形變，後二種形變由前三種形變複合而成的，也有拉伸應變。軟組織同時具有黏彈性材料的三個特點，即：

1. 應力－應變曲線滯後

　　應力－應變曲線滯後指對物體作週期性載入和卸載，載入和卸載時的應力－應變曲線不重合的特性。在同樣負載下，卸載曲線的拉長比值（受載下的長度與原來長度的比值）要比載入過程中的大，只有在卸載較多負荷情況下才能恢復到原有載荷狀態下的變形。即應力－應變曲線的上升曲線與下降曲線不相重合。也即是說，對物體作週期性載入和卸載，載入和卸載時的應力－應變曲線不重合，稱為滯後。

2. 應力鬆弛

　　應力鬆弛是指若應變保持一定，則應力隨著時間的增加而下降的特性。軟組織在負載後發生變形，在此時停止繼續載入並固定維持這種載入狀態，開始時材料內部達到一定應力，以後隨著時間延長，出現應力逐漸減少的特性。也即是說，若應變保持一定，則應力隨著時間的增加而下降，稱為應力鬆弛（圖 3-1）。

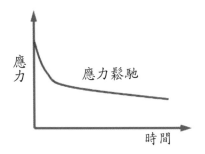

圖 3-1　應力鬆弛實驗：應變保持恆定時，應力隨時間而下降。

3. 潛變

潛變是指，若應力保持一定，應變隨著時間的增加而增大的特性。對軟組織試件突然載入後試件出現一定變形，隨著時間的延長，試件形變逐漸增長，這種材料形變與時間的關係曲線稱為潛變曲線。也即是說，若應力保持一定，應變隨著時間的增加而增大，稱為蠕變（圖 3-2）。

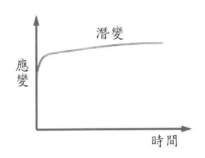

潛變

應變

時間

圖 3-2 潛變實驗：應力保持恆定時，應變隨時間增大的實驗。

3.1.3 軟組織的適應

Wolff 定律對骨骼的形狀與功能的相互關係做了最明確的表達，即骨隨所受的應力而改變。這一定律對關節各組成部分，包括關節軟骨、韌帶、肌腱、關節囊和滑膜也都適用，可謂是結締組織的定律。組織細胞對力的適應不同，取決於所受的是壓力還是張力。主要承受壓力區，細胞形成軟骨特徵；主要承受張力區，細胞形成纖維特徵；在壓力與張力混合存在區，如椎間盤的纖維環、膝關節的半月板等處，形成纖維軟骨。

運動是保持肌力、耐力、關節活動範圍所必需的因素。經常進行肌肉收縮，產生最大張力與最大代謝率，使肌力增加。有報導，以最大張力的20%～30% 進行每日等長收縮，就可維持日常活動所需的肌力。通過「中樞神經系統的訓練」也可增加肌力。過去研究，在對患者進行屈肘訓練時，

測定肌電圖檢查（Electromyography, EMG）與關節轉矩，8 星期後訓練肘的前臂肌力增加 40%，這是由於肌容量增加；而訓練僅 1 星期時，肌力增加 20%，8 星期時未訓練側肌力也增加 25%，這是由於神經對運動的適應，即中樞傳遞的改變，使肌肉活動能力提高，而不是肌肉本身的內在改變。另一些研究通過 EMG 測定證實，增加運動單位的同步化程度，即提高運動單位的興奮率，在肌肉本身無改變的情況下也可增加肌力。降低拮抗肌的同時性活動，也可增加主動肌的肌力。但同時在不活動時，肌力以每日 30% 減弱。由於肌力、血循環及肌肉粒線體內氧化酶濃度的減少，耐力也降低。

3.2 肌肉生物力學特性

肌肉（muscle）主要由肌肉組織構成。肌細胞的形狀細長，呈纖維狀，故肌細胞通常稱為肌纖維。肌肉組織的功能為收縮和舒張，靠的是肌肉細胞中的收縮纖維，會在細胞間移動並改變細胞的大小。肌肉分為骨骼肌、心肌和平滑肌三種，其功能皆為產生力並導致運動，並藉由參與動作的產生，達到姿勢的維持及熱量的產生。因肌肉組織具有收縮特性，故是軀體和四肢運動，以及體內消化、呼吸、循環和排泄等生理過程的動力來源。

3.2.1 肌肉細胞

肌肉組織是由特殊分化的肌細胞組成（圖 3-3），肌細胞間有少量結締組織，並有毛細血管和神經纖維等。肌細胞外形細長因此又稱肌纖維（muscle fiber）（圖 3-4）。肌細胞的細胞膜叫做肌膜，其細胞質叫肌漿。肌漿中含有肌絲，它是肌細胞收縮的物質基礎。肌纖維被纖細的結締組織所包裹，有時形成片狀或塊狀的肌肉。肌細胞的縮短稱為收縮，這種收縮的能力來自於肌細胞內所含細絲狀的收縮蛋白：肌動蛋白（actin）及肌凝蛋白（myosin）。兩種蛋白質絲以分解 ATP 產生能量，藉以產生彼此間相互滑動之結果。在橫紋肌中，肌動蛋白與肌凝蛋白的排列非常有規則，

圖 3-3　肌肉組織

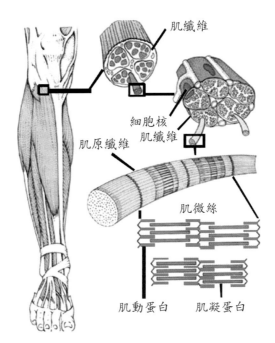

圖 3-4　肌纖維組織示意圖

使肌細胞內有典型的橫帶或橫紋出現；而在平滑肌，因其細胞之肌凝蛋白與肌動蛋白的排列較不規則，故無明顯可見之明暗條紋。橫紋肌一般的收縮速度較快但也較易疲勞，而平滑肌收縮較慢且能持久收縮。其中隨意肌（如：骨骼肌）的神經支配屬於腦脊髓系統（cerebrospinal system），由大

腦皮質的最高運動中心所控制。而不隨意肌（如：心肌，平滑肌）則由自主神經支配或由內分泌系統調節，並不直接受大腦皮質的影響。

　　肌肉組織按其構造、功能及發育可分爲三類，分別爲骨骼肌、平滑肌及心肌 [1]。

1. 骨骼肌（或稱「橫紋肌」或「隨意肌」）

　　是通過肌腱固定在骨骼上，以用來影響骨骼如移動或維持姿勢等動作。是可以看到和感覺到的肌肉類型。但也有例外，如食管上部的肌層及面部表情肌並不附於骨骼上。骨骼肌附著在骨骼上並多數呈成對出現：一塊肌肉朝一個方向移動骨頭，另外一塊朝相反方向移動骨頭。骨骼肌的收縮受意志支配屬於隨意肌，意味著想要收縮它們時，神經系統會指示它們這樣做。平均而言，骨骼肌最多可達成人男性體重的 42%，成人女性的 36%。

2. 平滑肌（或稱「非隨意肌」）

　　存在於消化系統、血管、膀胱、呼吸道和女性的子宮中。平滑肌能夠長時間拉緊和維持張力。這種肌肉不隨意志收縮，意味著神經系統會自動控制它們，而無須人去考慮。例如，胃和腸中的肌肉每天都在執行任務，但人們一般都不會察覺到。和骨骼肌不同，平滑肌不受意識所控制。

3. 心肌（cardiac muscle）

　　由心肌細胞構成的一種肌肉組織。分類上也是屬於一種「非隨意肌」，但在結構上則和骨骼肌較相近，且只分布於心臟，構成心房、心室壁上的心肌層，也見於靠近心臟的大血管壁上。它最大的特徵是耐力和堅固，它可以像平滑肌那樣有限地伸展，也可以用像骨骼肌那樣的力量來收縮。它只是一種顫搐肌肉並且不隨意志收縮。心肌與骨骼肌的肌纖維均有橫紋，又稱橫紋肌。

表 3-1　肌肉組織分類

種類	骨骼肌 （Skeletal Muscle）	平滑肌 （Smooth Muscle）	心　肌 （Cardiac Muscle）
形態			
組成	多核癒合細胞	紡錘形之單核細胞	多核癒合細胞
橫紋	有橫紋	無橫紋	有橫紋
生理	隨意肌受中樞神經控制	不隨意肌受自主神經控制	不隨意肌
位置	附著於骨骼上	血管、消化管及其他內臟	心壁，構成心臟肌肉
收縮速度	最快（0.1秒內完成）	最慢（3～180秒內完成）	中等（0.1～0.5秒內完成）
功能	形成軀體運動	形成消化及內臟運動	心搏促成循環
肌纖維形狀	長圓柱形兩端鈍	長紡錘形兩端尖	長圓柱形肌纖維分支而融合
肌纖維核數	多核	單核	單核
核的位置	細胞邊緣	細胞中央	細胞中央

3.2.2 骨骼肌的結構與功能

　　骨骼肌是由數以千計，具有收縮能力的肌細胞（由於其形狀成幼長的纖維狀，所以亦稱作肌纖維）所組成，並且由結締組織（connective tissue）所覆蓋和接合在一起。每一條肌纖維（亦即每一個肌細胞）均由一層稱為肌內膜（endomysium）的結締組織所覆蓋，多條肌纖維組合一起便構成了一個肌束（muscle bundle 或 fasciculus），並由一層稱為肌束膜（perimysium）的結締組織所覆蓋和維繫。每條肌肉可以由不同數量的肌

束所組成，再由一層稱為肌外膜（epimysium）的結締組織所覆蓋和維繫。這個在肌肉內由結締組織所形成的網絡最後聯合起來，並連接到肌肉兩端由緻密結締組織（dense connective tissue）構成的肌腱，再由肌腱把肌肉間接地連接到骨骼上。

　　骨骼肌內有大量的血管和微血管，動脈和靜脈沿著結締組織進入之後，便在肌內膜之中和周圍不斷分支成更細小的血管和微血管，形成了一個非常龐大的網絡，以確保每條肌纖維都能夠得到充足的養分，以及把有害的廢物如二氧化碳等排出肌細胞之外。根據 Inger 及 Saltin 等人研究，習慣坐著不動的人平均每條肌纖維只有 3～4 條微血管環繞著，但經常參與體育鍛鍊的人卻可以有 5～7 條之多。

　　進行劇烈運動時，骨骼肌所需的血液可以是安靜時的 100 倍或以上，環繞著每條肌纖維的微血管數目當然會影響到血液的供應。除此之外，人體還會做出一些其他改變，以滿足劇烈運動時肌肉對血液供應的需求。這些改變包括：(1) 活躍肌肉交替地收縮及放鬆，週期性地對血管進行擠壓，加速血液回流心臟，也就加快了血液重新供應到肌肉的速度；(2) 收窄供應血液到身體非活躍部位（如內臟、腎、皮膚）的血管，另一方面卻擴張供應血液到運動肌肉的血管，以調節血液的流量 [2]。

　　與血管一起進入肌肉的還有神經元（即神經細胞），當中包括了運動神經元（motor neurone，亦作輸出神經元，efferent neurone）和感覺神經元（sensory neurone，亦作輸入神經元，afferent neurone）。這些神經元在結締組織內不斷分支，接觸到每條肌纖維之上。運動神經元收到來自中樞神經系統（central nervous system）的刺激後便會引起骨骼肌收縮。骨骼肌內約有 60% 為運動神經元，餘下來的 40% 為感覺神經元，主要是把痛楚和來自身體各部分的訊息傳達到中樞神經系統。

1. 骨骼肌的細胞結構

在光學電子顯微鏡下，骨骼肌纖維（即骨骼肌細胞）呈深淺相間的橫紋，所以骨骼肌又稱作橫紋肌（striated muscle）（圖 3-5）。骨骼肌纖維是一種多核細胞，核的數量隨肌纖維的長短而異，短者核少；長者細胞核數量可達 100～200 個，位於肌膜下方。核呈卵圓形，染色較淡，核仁清楚。在骨骼肌纖維的肌漿內有大量與其長徑平行排列的肌原纖維（myofibril）。肌原纖維呈細絲狀，直徑約 1～2 微米。光鏡下，每條肌原纖維是由許多明暗相間的帶所組成，所有肌原纖維上的明帶和暗帶都整齊地排列在同一平面上，故使縱切面的肌纖維呈現明、暗相間的橫紋，而在橫切面上的肌原纖維呈點狀 [3]。

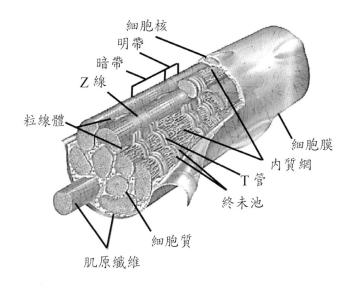

細胞核
明帶
暗帶
Z 線
粒線體
細胞膜
內質網
T 管
終末池
細胞質
肌原纖維

圖 3-5　骨骼肌的微型結構

2. 肌原纖維的微型結構

在細心觀察之下，肌原纖維亦呈現深淺相間的橫紋，骨骼肌之所以

呈深淺相間的橫紋，也是基於這個緣故。根據光通過肌原纖維微絲時的特性，淺色的地段稱作 I 帶（isotropic band），而深色的地段稱作 A 帶（anisotropic band）。I 帶中央有一條較為深色的線，稱作 Z 線（zwischen line），Z 線與 Z 線之間的一段就是一個肌節，也就是骨骼肌收縮的基本單位（圖 3-6）。

I 帶只含有肌動蛋白微絲，它們在肌節之內並不延續，其中一端穩固在 Z 線之上，而另一端則部分伸延至 A 帶之內。因此，A 帶雖然主要由肌球蛋白微絲所組成，但仍包含小部分的肌動蛋白微絲，A 帶中央欠缺肌動蛋白微絲的部分稱作 H 區域。

肌原纖維被包圍在一個稱作肌漿網（sarcoplasmic reticulum）和 T 小管（transverse tubules）的網絡結構之中，這個結構相信與骨骼肌收縮時神經訊息的傳導有關。肌漿網與 T 小管合共占上肌纖維體積的 5% 左右，經過長期的體育鍛鍊後，平均可增加至 12%[4]。

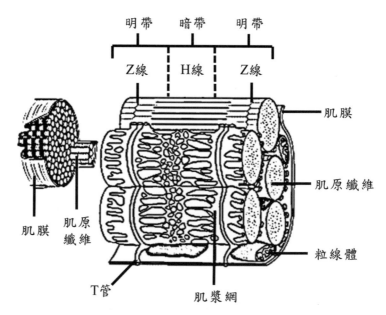

圖 3-6　肌原纖維的微型結構

3. 骨骼肌的收縮原理

Huxley 在 1969 年時提出一套微絲滑行理論（sliding filament theory），作爲骨骼肌收縮原理的解釋（圖 3-7）。根據這套學說，肌肉收縮是由於肌動蛋白微絲在肌球蛋白微絲之上滑行所致。在整個收縮的過程之中，肌球蛋白微絲和肌動蛋白微絲本身的長度則沒有改變。微絲滑行的實際情況仍需等待進一步的闡釋，但相信肌球蛋白微絲的凸起部分（稱作橫橋或交叉橋，cross bridges）與肌動蛋白微絲上的一些特殊位置形成了一種稱作肌動肌球蛋白（actomyosin）的複合蛋白，在 ATP 的作用之下，就能促使骨骼肌產生收縮的現象 [5]。

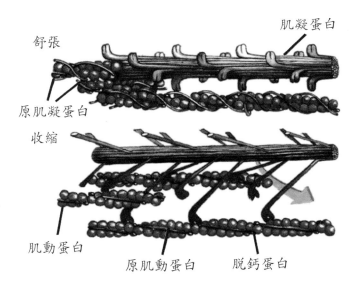

舒張　　　　　　　　　　　肌凝蛋白

原肌凝蛋白

收縮

肌動蛋白　　　原肌動蛋白　　脫鈣蛋白

圖 3-7　微絲滑行理論示意圖

當骨骼肌收縮時，若肌動蛋白微絲向內滑行，使到 Z 線被拖拉向肌節中央而導致肌肉縮短了，這便稱作向心收縮（亦稱作同心收

縮，concentric contraction）。例如，進行引體向上（chin-up）動作時，當二頭肌（biceps）產生張力（收縮）並縮短，把身體向上提升時，就是正在進行向心收縮。反過來說，在引體向上的下降階段，肌動蛋白微絲向外滑行，使到肌節在受控制的情況下延長並回復至原來的長度時，就是正在進行離心收縮（eccentric contraction）。還有一種情況，就是肌動蛋白微絲在骨骼肌收縮時並未有滑動，而且仍然保留在原來位置（例如：進行引體向上時，只把身體掛在橫桿上），這便稱作等長收縮（isometric contraction）。由於肌肉在放鬆的時候依然具有相當程度的張力（muscle tone），所以相信此時仍有一定數量的橫橋在不斷進行工作。根據過去的研究，即使肌肉在放鬆的情況下，仍然可以有 30% 的橫橋正在執行任務（圖 3-8）[6-7]。

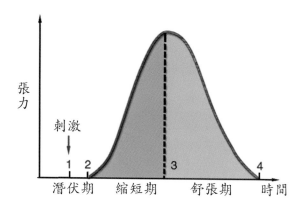

圖 3-8　骨骼肌單收縮曲線圖

3.2.3 平滑肌的結構與功能

　　平滑肌（smooth muscle, plain muscle）即無紋肌（non-striated muscle）的通稱。被視為較橫紋肌原始的一種肌肉。平滑肌除作為無脊椎

動物的軀體肌而有廣泛分布外，在脊椎動物除心肌之外而大部分內臟肌也是由平滑肌組成的。雖有如斧足類的閉殼肌和足系牽引肌等是由平行走向長纖維狀細胞（平滑肌纖維）所構成，但多數的平滑肌則是由長紡錘形（脊椎動物的內臟肌長不到 1 毫米）的單核細胞構成。它不構成獨立的器官，而只是成為構成體壁和內臟壁的因素（肌層）。其細胞實質僅由相當於橫紋肌的向異性物質組成，整體表現同樣的雙折射。在有的平滑肌中可見到肌原纖維。作為收縮物質的肌動球蛋白和橫紋肌大致相同，但含量少，肌動蛋白細絲和肌球蛋白細絲間的相互排列缺乏規律性。平滑肌收縮和舒張的速度較慢，橫紋肌每次收縮大約是 0.1 秒，而平滑肌需要數秒，甚至數十秒。時值（電刺激時約 0.1 秒）和潛伏期（0.2～1.0 秒）也長。容易產生刺激的總和，通常認為這是由於缺少肌管系統的緣故。脊椎動物的平滑肌（內臟肌）一般受來自植物性神經系統的雙重神經支配，它們的神經末梢在肌肉細胞間形成神經網絡，有時還介有神經節細胞。一如血管壁肌肉和瞬膜那樣，有神經的控制顯著者，也有如腸和子宮那樣的不顯著者，後者具有類似心肌的自動性。在平滑肌內興奮的傳導有各種形式，有的被認為是通過神經的（瞬膜），有的則是通過肌細胞間傳遞乃至合體細胞的連接（子宮），但速度常常是低的（2～3 釐米／秒）。在後一種情況下，證明有類似於橫紋肌峰電位的動作電位。體液支配顯著也是平滑肌的特徵，在子宮壁和血管壁特別顯著（催產素、腎上腺素等）[8]。

　　平滑肌廣泛分布於人體消化道、呼吸道以及血管和泌尿、生殖等系統；它和骨骼肌不同，不是每條肌纖維（即肌細胞）的兩端都通過肌腱同骨骼相連；平滑肌細胞互相連接，形成管狀結構或中空器官；在功能上可以通過縮短和產生張力使器官發生運動和變形，也可產生連續收縮或緊張性收縮，使器官對抗所加負荷而保持原有的形狀，前者如胃和腸，後者如動脈血管、括約肌等。此外，也不能像在骨骼肌和心肌那樣，把分布在不

同器官的平滑肌看作具有相同功能特性和調節機制的組織，例如有些器官的平滑具有和心臟一樣的自動節律性，有些則像骨骼肌那樣，只有在支配它的神經纖維有神經衝動到來時才出現收縮，而在這兩個極端之間，還存在著各種的過渡形式，致使平滑肌的分類困難 [9]。

1. 平滑肌的細胞結構

平滑肌的肌細胞呈梭形，肌細胞無橫紋，比較容易被拉長，不受人的意識支配，平滑肌纖維一般為梭形，長約 20～300 微米，直徑約 6 微米，妊娠期子宮的平滑肌長可達 500 微米，核為長橢圓形位於肌纖維的中央、基膜附於肌膜之外。平滑肌常排列成束或排列成層。

平滑肌的超微結構：平滑肌纖維的肌膜內面有電子密度高的區域叫密區，肌漿內有電子密度高的小體叫密體，是肌絲固著處。平滑肌纖維中的肌絲有 3 種：(1) 細肌絲的直徑約 5 奈米，由肌動蛋白、原肌球蛋白和與平滑肌收縮有關的蛋白組成，它起於密區止於密體或游離於細胞質中；(2) 中間絲直徑約 10 奈米，為連接密體間或密體與密區間的細絲，在肌纖維內構成一網架；(3) 粗肌絲的直徑約 14 奈米，為肌球蛋白，在鬆弛狀態下的肌纖維中，較難見到，在收縮狀態下的肌纖維中易於識別。在靠近細胞核的兩端肌漿中，含有粒線體、高爾基器及少量粗面內質網。肌質網不甚發達常呈管狀。肌膜向內凹陷形成許多小凹，相當於其他種肌纖維的橫小管，肌質網常位於小凹附近。相鄰平滑肌間常有縫管連接。

2. 平滑肌的微型結構

平滑肌纖維表面為肌膜，肌膜向下凹陷形成數量眾多的小凹（caveola）。目前認為這些小凹相當於橫紋肌的橫小管。肌漿網發育很差，呈小管狀，位於肌膜下與小凹相鄰近。核兩端的肌漿內含

有粒線體、高爾基複合體和少量粗面內質網以及較多的游離核糖體，偶見脂滴。平滑肌的細胞骨架系統比較發達，主要由密斑、密體和中間絲組成。密斑和密體都是電子緻密的小體，但分布的部位不同。密斑（dense patch）位於肌膜的內面，主要是平滑肌細肌絲的附著點。密體（dense body）位於細胞質內，為梭形小體，排成長鏈，它是細肌絲和中間絲的共同附著點。一般認為密體相當於橫紋肌的 Z 線。相鄰的密體之間由直徑 10 奈米的中間絲相連，構成平滑肌的菱形網架，在細胞內起著支架作用。細胞周邊部的肌漿中，主要含有粗、細兩種肌絲。細肌絲直徑約 5 奈米，呈花瓣狀環繞在粗肌絲周圍。粗、細肌絲的數量比約為 1：12～30。粗肌絲直徑 8～16 奈米，均勻分布於細肌絲之間。由於肌球蛋白分子的排列不同於橫紋肌，粗肌絲上沒有 M 線及其兩側的光滑部分。粗肌絲呈圓柱形，表面有縱行排列的橫橋，但相鄰的兩行橫橋的擺動方向恰恰相反。若干條粗肌絲和細肌絲聚集形成肌絲單位，又稱收縮單位（contractile unit）。相鄰的平滑肌纖維之間在有縫隙連接，便於化學信息和神經衝動的溝通，有利於眾多平滑肌纖維同時收縮而形成功能整體。

3. 平滑肌的收縮原理

目前認為，平滑肌纖維和橫紋肌一樣是以「肌絲滑動」原理進行收縮的。由於每個收縮單位是由粗肌絲（肌凝蛋白）和細肌絲（肌動蛋白）組成，它們的一端藉細肌絲附著於肌膜的內面，這些附著點呈螺旋形。肌絲單位大致與平滑肌長軸平行，但有一定的傾斜度。粗肌絲沒 M 線，表面的橫橋有半數沿著相反方向擺動，所以當肌纖維收縮時，不但細肌絲沿著粗肌絲的全長滑動，而且相鄰的細肌絲的滑動方向是相對的。因此平滑肌纖維收縮時，粗、細肌絲的重

疊範圍大，纖維呈螺旋形扭曲而變短和增粗（圖3-9）。

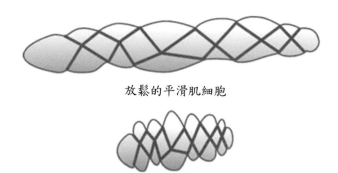

放鬆的平滑肌細胞

收縮的平滑肌細胞

圖3-9 平滑肌收縮原理示意圖

平滑肌雖然也具有同骨骼肌類似的肌絲結構，但由於它們不存在像骨骼肌那樣平行而有序的排列（平滑肌的肌絲有它自己的「有序的」排列），它的特點是細胞內部存在一個細胞骨架，包含一些卵圓形的稱為緻密體的結構，它們也間隔地出現於細胞膜的內側，稱為緻密區，並且後者與相鄰細胞的類似結構相對，而且兩層細胞膜也在此處連結甚緊，因而共同組成了一種機械性耦聯，藉以完成細胞間張力的傳遞；細胞間也存在別的連接形式，如縫隙連接，它們可以實現細胞間的電耦聯和化學耦聯。在緻密體和緻密區中發現有同骨骼肌Z帶中類似的蛋白成分，故認為這兩種結構可能是與細肌絲連接的部位。另外，在緻密體和緻密區之間還有一種直徑介於粗、細肌絲之間的絲狀物存在，它們是一種稱為結蛋白（desmin）的聚合體。這樣由絲狀物聯結起來的緻密體和膜內側的緻密區就形成了完整的細胞內構架。

平滑肌細胞中的細肌絲有同骨骼肌類似的分子結構，但不含肌鈣蛋

白；同一體積的平滑肌所含肌纖蛋白的量是骨骼肌的 2 倍，推測平滑肌肌漿中有大量細肌絲存在，它們的排列大致與細胞長軸平行。與此相反，胞漿中肌凝蛋白的量卻只有骨骼肌的 1/4。估計連接在緻密體上的 3～5 根細肌絲會被較少數目粗肌絲包繞，形成相互交錯式的排列，這可能就是類似於骨骼肌中肌小節的功能單位。

4. 平滑肌活動的控制和調節

平滑肌本身的特性具有多樣性，它們活動所受的調控也是多種多樣的，不像骨骼肌那樣單純。大多數平滑肌接受神經支配，包括來自自主神經系統的外來神經支配，其中除小動脈一般只接受交感系統一種外來神經支配外，其他器官的平滑肌通常接受交感和副交感兩種神經支配。平滑肌組織，特別是消化管平滑肌肌層中還有內在神經叢存在，後者接受外來神經的影響，但其中還發現有局部傳入性神經元，可以引起各種反射。平滑肌的神經—肌肉接頭有些類似骨骼肌，但不具有後者那樣特殊結構形式。支配平滑肌的外來神經纖維在進入靶組織時多次分支，分支上每隔一定距離出現一個膨大、呈念珠狀的東西，稱為曲張體，其中含有分泌囊泡，它們在神經衝動到達時可以釋放其中遞質或其他神經活性物質；每個曲張體和靶細胞的距離亦不固定，平均約為 80～100 奈米，這說明由神經末梢釋放出來的遞質分子要擴散較遠距離才能達到靶細胞，而靶細胞和神經末梢的關係也不可能是固定的；凡是遞質分子可以到達而又具有該遞質受體的平滑肌細胞，都可能接受外來神經的影響。平滑肌細胞約保持 -55～-60 mV 的靜息電位，產生機制和骨骼肌類似。單位平滑肌細胞有產生動作電位的能力，而且通過細胞間通道可使相鄰細胞也產生動作電位。

3.2.4 心肌的結構與功能

心肌實際上是一種特化的骨骼肌，肌細胞呈圓柱狀也有橫紋，並且相鄰的肌細胞交織成網狀，收縮力量更大，具有自動有節律地收縮的特點。廣義的心肌細胞包括組成竇房結、房內束、房室交界部、房室束（即希斯束）和浦肯野纖維等的特殊分化了的心肌細胞，以及一般的心房肌和心室肌工作細胞。前 5 種組成了心臟起搏傳導系統，它們所含肌原纖維極少，或根本沒有，因此均無收縮功能；但是，它們具有自律性和傳導性，是心臟自律性活動的功能基礎；後兩種具收縮性，是心臟舒縮活動的功能基礎。

1. 心肌的細胞結構

心肌細胞為短柱狀，一般只有一個細胞核，而骨骼肌纖維是多核細胞。心肌細胞之間有閏盤結構。該處細胞膜凹凸相嵌，並特殊分化形成橋粒，彼此緊密連接，但心肌細胞之間並無原生質的連續。心肌組織過去曾被誤認為是合胞體，電子顯微鏡的研究發現心肌細胞間有明顯的隔膜，從而得到糾正。心肌的閏盤有利於細胞間的興奮傳遞。這一方面由於該處結構對電流的阻抗較低，興奮波易於通過；另方面又因該處呈間隙連接，內有 15～20 Å 的嗜水小管，可允許鈣離子等離子通透轉運。因此，正常的心房肌或心室肌細胞雖然彼此分開，但幾乎同時興奮而作同步收縮，大大提高了心肌收縮的效能，功能上體現了合胞體的特性，故常有「功能合胞體」之稱 [10-11]。

心肌細胞的細胞核多位於細胞中部，形狀似橢圓或似長方形，其長軸與肌原纖維的方向一致。肌原纖維繞核而行，核的兩端富有肌漿，其中含有豐富的糖原顆粒和粒線體，以適應心肌持續性節律收縮活動的需要。從橫斷面來看，心肌細胞的直徑比骨骼肌小，前者

約爲 15 微米，而後者則爲 100 微米左右。從縱斷面來看，心肌細胞的肌節長度也比骨骼肌的肌節爲短。

2. 心肌的微型結構

在電子顯微鏡下觀察，也可看到心肌細胞的肌原纖維、橫小管、肌質網、粒線體、糖原、脂肪等超微結構。但是心肌細胞與骨骼肌有所不同；心肌細胞的肌原纖維粗細差別很大，介於0.2～2.3 微米間；同時，粗的肌原纖維與細的肌原纖維可相互移行，相鄰者又彼此接近以致分界不清。心肌細胞的橫小管位於 Z 線水平，多種哺乳動物均有縱軸向伸出，管徑約 0.2 微米。而骨骼肌的橫小管位於 A－I 帶交界處，無縱軸向伸出，管徑較大，約 0.4 微米。心肌細胞的肌質網叢狀居中間，側終池不多，與橫小管不廣泛相貼。總之，心肌細胞與骨骼肌細胞在形態和功能上均各有其特點。

3. 心肌的收縮原理

心肌的收縮性與自律性、興奮性、傳導性共同決定著心臟的活動。

⑴ 收縮性：心臟的節律性同步收縮活動是心肌的又一重要生理特性。首先，由於心肌有較長的有效不應期和自動節律性；同時，心房肌和心室肌又各自作爲功能合胞體，幾乎是同時地產生整個心房或心室的同步性收縮，使心房或心室的內壓快速增高，推動其中的血液流動，從而實現血液循環的生理功能。總之，心房和心室肌肉的節律性、順序性、同步性收縮和舒張活動是心臟實現其泵血功能的基礎。

⑵ 自律性：動物的心臟在適宜的離子濃度、滲透壓、酸鹼度、溫溼度以及充分的氧氣和能源供應等條件下，即使除去所有的神經，甚至在離體條件下，它仍然能夠保持其固有的節律性收縮活動。即心肌本身具有自動節律性，簡稱自律性。

(3) 興奮性：心肌細胞興奮時與骨骼肌和神經細胞一樣，會產生動
作電位，這種電位變化與骨骼肌、神經細胞的動作電位大致相
似，都可以表現為靜息電位和興奮時的動作電位。心肌細胞膜
主要由類脂質和蛋白質分子構成。靜息時膜表面任何兩點都是
等電位的，但在膜內和膜外卻存在著明顯的電位差，用細胞內
微電極記錄到的靜息電位約為 90 毫伏，膜外電位為正，膜內的
為負。當心肌細胞受刺激而興奮時，興奮處膜電位發生反極化，
即膜外電位暫時變負，膜內電位暫時變正，興奮後又可恢復原
來的極化狀態，這叫再極化或復極化。心肌細胞動作電位與骨
骼肌動作電位的主要區別是前者持續時間長，特別是再極化過
程持續時間長，一般可達 200～300 毫秒，形成平臺，心肌細胞
動作電位的持續期大體相當心肌細胞的收縮期。

(4) 傳導性：心肌細胞具有傳導興奮的特性。正常心臟的節律起
搏點是竇房結，它所產生的自動節律性興奮，可依次通過心臟
的起搏傳導系統，而先後傳到心房肌和心室肌的工作細胞，使
心房和心室依次產生節律性的收縮活動。心肌的興奮在竇房結
內傳導的速度較慢，約 0.05 米／秒；房內束的傳導速度較快，
為 1.0～1.2 米／秒；房室交界部的結區的傳導速度最慢，僅有
0.02～0.05 米／秒；房室束及其左右分支的浦肯野纖維的傳導速
度最快，分別為 1.2～2.0 及 2.0～4.0 米／秒。

3.3 肌腱生物力學特性

肌腱是肌腹兩端的索狀或膜狀緻密結締組織，便於肌肉附著和固定
（圖 3-10）。一塊肌肉的肌腱分附在兩塊或兩塊以上的不同骨上，是由於
肌腱的牽引作用才能使肌肉的收縮帶動不同骨的運動。每一塊骨骼肌都分
成肌腹和肌腱兩部分，肌腹由肌纖維構成，色紅質軟，有收縮能力，肌腱

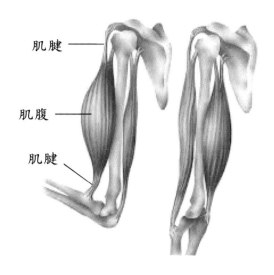

肌腱 ——

肌腹 ——

肌腱 ——

圖 3-10　肌腱位置結構圖

由緻密結締組織構成，色乳白較硬，沒有收縮能力。肌腱把骨骼肌附著於骨骼。長肌的肌腱多呈圓索狀，闊肌的肌腱闊而薄，呈膜狀，又叫腱膜。此處的肌腹即為一些人口中所說的紅肌，而肌腱即為白肌，分別控制肌肉的力量、爆發力和耐力。

3.3.1 肌腱之結構

正常健康的肌腱大多是由平行的緊密膠原組成。肌腱大約 30% 的總質量是水，其餘質量組成如下：約 86% 的膠原蛋白、2% 彈性纖維、1～5% 蛋白多醣和 0.2% 無機成分，如銅、錳和鈣。膠原部分是由 97～98% 的 I 型膠原蛋白，與少量其他類型的膠原蛋白組成 [12]。

肌腱的膠原由蛋白多醣結合起來，包括核心蛋白聚醣和蛋白多醣。蛋白多醣與膠原纖維交織在一起，其醣胺側鏈與纖維的表面有相互作用，顯示蛋白多醣對纖維互連結構是重要的。肌腱的主要聚醣成分為硫酸皮膚素和硫酸軟骨素，與膠原蛋白有關，亦參與了腱發展中的纖維組成。硫酸皮

膚素被認為是負責形成纖維間的連繫，而硫酸軟骨素則填塞纖維的空間，有助防止變形。

肌腱的長度因人而異。肌腱的長度會影響肌肉的鍛鍊，若所有其他生物因素一樣，一個有較短肌腱和較長肱二頭肌的人，在增加肌肉質量方面會有更大潛力；一般來說，成功的健美運動員通常有較短的肌腱。相反的，對於著重跑步或跳躍動作的運動，具有比平均長的跟腱和較短的小腿肌肉則較為有利。肌腱的長度取決於遺傳基因，並沒有被證明會受環境的影響，不像肌肉般可以因創傷等原因而縮短。

3.3.2 肌腱細胞

肌腱細胞是肌腱的基本功能單位，它合成和分泌膠原等細胞外基質，維持肌腱組織新陳代謝。肌腱細胞起源於胚胎時期的間充質細胞，是形態發生改變的成纖維細胞，細胞質甚薄成翼狀包著纖維束，翼突也伸入纖維束內分隔包裹著膠原纖維（圖 3-11）[13]。

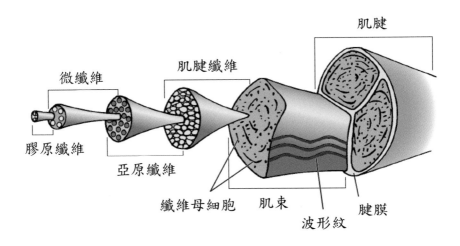

圖 3-11　肌腱組織微型結構特徵

肌腱細胞起源於胚胎時期的間充質細胞。間充質是胚胎期填充在外胚層和內胚層之間的散在的中胚層組織。間充質細胞呈星形，有許多胞質凸起。電鏡下核較大，卵圓形，核仁明顯，相鄰的細胞凸起彼此連接成網。間充質細胞分化程度低，有很強的分裂分化能力。

肌腱細胞是形態發生改變的成纖維細胞，呈稜形，細胞核長而著色深，順膠原纖維的長軸成行排列，細胞質甚薄成翼狀包著纖維束，翼突也伸入纖維束內分隔包裹著膠原纖維。電鏡下胞質內粗面內質網較豐富，較少粒線體，高爾基氏體少見。與此相反，皮膚成纖維細胞胞體較大，扁平，細胞核卵圓形，胞質著色淺，不明顯。電鏡下胞質內細胞器較肌腱細胞密集。

3.3.3 肌腱纖維結構的力學基礎

肌腱細胞的功能是形成肌腱膠原纖維和基質。在肌腱組織中，肌腱細胞與胞外基質之間存在著非常密切的相互關系。肌腱細胞可持續地合成、分泌某些物質，如膠原、可溶性蛋白多醣等，並可降解、吸收基質中的代謝產物，調節著周圍的微環境。同時，基質也能有效地影響細胞的代謝、生長、增殖和運動等細胞行為。與成纖維細胞分泌的細胞外基質相比，膠原纖維在肌腱的胞外基質中比例較大，占其中有形成分的 70% 以上，且特化為抗拉結構。僅有少量纖細的彈力纖維夾雜在膠原纖維之間。而真皮除有膠原纖維束交織成網外，還有許多彈力纖維賦予皮膚較大的韌性和彈性。肌腱膠原纖維的抗拉性能極強，可承受 6 kg/mm^2 的拉力。

一般認為，肌腱膠原纖維的排列與受力方向平行，但還有部分纖維束呈扭轉或交錯排列，防止纖維分離，同時也有利於對來自不同方向的力的緩衝。已經明確肌腱組織中含有的膠原有 I 型、V 型 VI 型、VIII 型、XI 型、XII 型、XIV 型和 XX 型。其中，I 型膠原是肌腱組織的主要纖維性膠原，較粗大，起穩定組織的作用。它在肌腱中形成繩索樣結構，在皮膚中則形

成片狀結構。肌腱的構成順序是原膠原—微纖維—纖維—纖維束—腱，並有膜包裹。

肌腱可以看成是肌肉的一部分，肌腱的一端連接肌肉組織而另一端則連接到骨上，肌腱可以只跨越一個關節也可以跨過兩個關節，肌腱周圍往往有一層疏鬆結締組織或者腱鞘作爲保護和滑動結構。肌腱由若干腱細胞及其纖維組合而成，肌梭是肌肉感受牽拉刺激的梭形感受器，外層爲結締組織囊，囊內是梭內肌纖維，囊外爲梭外肌纖維。梭內肌接受 γ 傳出神經支配。肌梭的兩端附著於肌腱上，感受肌肉長度，對牽拉特別敏感，受牽拉後發生放電反應和肌梭活動而引起肌肉收縮。這也是叩擊肌腱可以引出肌肉收縮（腱反射）的原因，而韌帶尚不具備這種功能。

3.3.4 肌腱的力學特性

肌腱是連接骨骼肌肌腹與骨骼之間的單軸緻密膠原纖維結締組織束，是彈性小、寡血管的組織，用於傳導肌腹收縮所產生的力，牽引骨骼使之產生運動。肌腱本身不具有收縮能力，但具有很強的耐壓抗張力和抗摩擦的能力。肌腱是規則的緻密結締組織，組織中成束的膠原纖維沿受力方向規則地平行排列，組織結構可承受一個方向的牽引力，產生纖維和基質的成纖維細胞在纖維間成行排列，活體的肌腱呈銀白色，較堅韌，有一定的柔韌性。

肌腱的力學性能依賴於膠原纖維的直徑和方向。膠原纖維是互相平行的，彼此緊密排列。肌腱中的 I 型膠原纖維具有一定的靈活性。此外，由於肌腱是由許多獨立纖維和束組成的多鏈結構，並不是一條桿，而這個屬性也有助於其靈活性。

同時，力學刺激必然對肌腱細胞的生物學特性產生很大的影響。力學信號可刺激細胞表面的牽張受體和黏附位點，導致一系列瀑布效應，從而改變細胞周圍的營養成分、氧氣等。還可改變細胞內的第二信使 NO 或

Ca^{2+} 濃度，直接或間接影響細胞因數 mRNA 的表達，從而影響基質蛋白的合成 [14]。

3.4 韌帶生物力學特性

　　韌帶（ligament）由緻密結締組織構成，呈扁帶狀、圓束狀或膜狀。韌帶在脊椎動物中，是使各骨塊相互連結的結締組織的索狀物，與彈性纖維緊密並行。一般多與關節囊相連，形成關節囊局部特別增厚的部分，有的則獨立存在。韌帶的附著部與骨膜或關節囊相編織。

3.4.1 韌帶組織

　　韌帶屬可彎曲及纖維樣的緻密結締組織（圖 3-12）。其附著於骨骼的可活動部分，但限制其活動範圍以免損傷。韌帶連接骨與骨，相對肌腱連接的是骨和肌肉。韌帶來自於膠原 [15]，主要可分為兩類：彈性結締組織和膠原纖維彼此交織成的不規則的緻密結締組織。彈性組織（elastic tissue）是以彈性纖維為主的緻密結締組織。粗大的彈性纖維或平行排列成束，如項韌帶和黃韌帶。韌帶白色帶狀的結締組織，質堅韌，有彈性，能把骨骼連接在一起，並能固定某些臟器如肝、脾、腎等的位置。

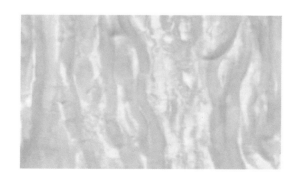

圖 3-12　韌帶組織微型結構特徵

3.4.2 韌帶組織的結構作用

　　韌帶膠原纖維的排列也與受力方向平行，與肌腱纖維排列類似，但纖維束呈扭轉或交錯排列的纖維較多。韌帶可以看成是緻密結締組織在關節部位的增厚部分。

　　韌帶主要連接關節的最鄰近的兩個骨端，但在人體脊柱上的項韌帶、前縱韌帶及後縱韌帶則屬跨關節的（圖 3-13）。由於韌帶主要位於關節周圍，功能是增加關節穩定性，防止關節脫位及半脫位，並限制和引導關節運動，因此韌帶的外形結構隨其功能需要而不同，形狀多種多樣，但多為扁平形狀，與鄰近組織的相互關係很複雜。

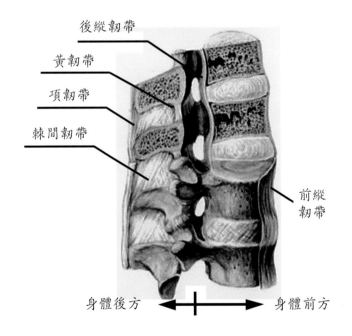

後縱韌帶

黃韌帶

項韌帶

棘間韌帶

前縱韌帶

身體後方　←→　身體前方

圖 3-13　人體脊柱上韌帶示意圖

　　韌帶多位於關節周圍（囊外韌帶）或關節腔內（囊內韌帶），其走向平行，抗拉伸力強並具有一定的彈性。位於關節囊外的韌帶或與關節囊分

開，或爲其局部纖維的增厚，或爲肌腱附著的延續。位於關節囊內的韌帶均有滑膜包繞。

3.4.3 韌帶的力學特性

韌帶連接骨與骨，爲明顯的纖維組織，或附於骨的表面或與關節囊的外層融合，以加強關節的穩固性，以免損傷，相對肌腱連接的是骨和肌肉；韌帶還是支持內臟，富有堅韌性的纖維帶，多爲增厚的腹膜皺襞，使內臟固定於正常位置或限制其活動範圍；此外還有爲某些胚胎器官的殘存遺跡，如動脈導管韌帶。韌帶來自於膠原。若韌帶超過其生理範圍地被彎曲（如扭傷），可以導致韌帶的延長或是斷裂 [16]。

韌帶的功能爲加強關節，維護關節在運動中的穩定，並限制其超越生理範圍的活動。當遭受暴力，產生非生理性活動，韌帶被牽拉而超過其耐受力時，即會發生損傷。韌帶部分損傷而未造成關節脫位趨勢者稱爲撚傷。韌帶本身完全斷裂，也可將其附著部位的骨質撕脫，從而形成潛在的關節脫位、半脫位乃至完全脫位 [17]。

膝關節爲全身最大最複雜的關節，其韌帶的構成和作用亦遠較其他關節複雜。關節內韌帶有前、後十字韌帶、脛側副韌帶與腓側副韌帶（圖3-14）[18]。

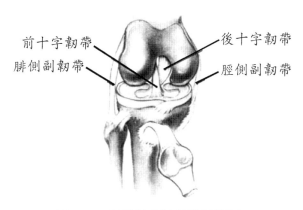

前十字韌帶　　後十字韌帶
腓側副韌帶　　脛側副韌帶

圖 3-14　膝關節周邊韌帶結構圖

1. 前十字韌帶（anterior cruciate ligament, ACL）

起自脛骨髁間隆起的前方，斜向後上方，附於股骨外側髁的內側面
（圖 3-15）。膝十字韌帶牢固地連結股骨和脛骨。當膝關節完全屈
曲和內旋脛骨時，此韌帶牽拉最緊，防止脛骨向前移動和膝關節過
伸。前十字韌帶可阻止脛骨向前位移至股骨前方，因此常在劇烈的
扭轉運動中斷裂，如跑步中被絆住或車禍被撞擊脛骨後側上端均會
造成前十字韌帶斷裂 [19-20]。

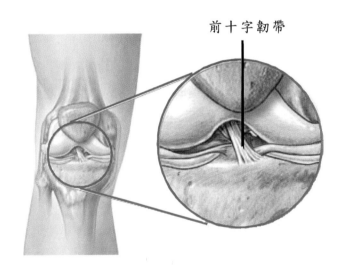

前十字韌帶

圖 3-15　前十字韌帶結構圖

2. 後十字韌帶（posterior cruciate ligament, PCL）

後十字韌帶起於股骨內髁內側前方，止於脛骨高臺後緣（圖 3-16）。
主要功能為限制膝關節伸展時脛骨相對於股骨過度後移，次要作用
為限制脛骨相對於股骨的外轉。此外，當膝關節彎曲時，後十字韌
帶會拉動膝關節上半部（即股骨髁）進而產生後移的動作，臨床醫
師稱此運動為後滾（rollback）。後十字韌帶嚴重缺損的膝關節於彎

曲時會使股骨髁無限制地向前滑動，而此種無法預期地滑動會使膝
關節產生嚴重的不穩定 [21-23]。

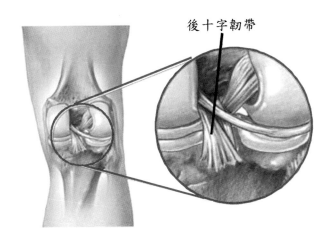

後十字韌帶

圖 3-16　後十字韌帶結構圖

3. 脛側副韌帶（tibial collateral ligament）

　　為關節內側的囊外韌帶，故又名內側副韌帶（medial collateral
ligament, MCL），扁寬呈帶狀，起自股骨收肌結節下方，止於脛骨
內側髁內側（圖 3-17）。其前部纖維較直，並與關節囊壁分離，其
間有疏鬆結締組織和滑液囊，半膜肌腱在該韌帶與脛骨之間擴展，
而膝中、下血管在此擴展部與韌帶間穿行。其後部纖維向下、後方
斜行，至內側半月板水平斜向前方止於脛骨。因此，後部韌帶在中
部寬闊，並與關節囊、半月板緊緊相連。脛側副韌帶的前部纖維在
膝關節任何位置均處於緊張狀態，而後部纖維在屈膝時鬆弛，由於
後部纖維與內側半月板相連，所以膝關節處於半屈狀態並受到旋轉
的力量作用時，易發生脛側副韌帶及內側半月板的損傷。

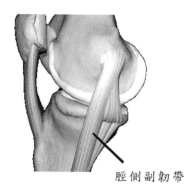

脛側副韌帶

圖 3-17　脛側副韌帶結構圖

4. 腓側副韌帶（fibular collateral ligament）

為關節外側的囊外韌帶，故又名外側副韌帶（lateral collateral ligament, MCL）呈圓索狀，起自股骨外上髁，止於腓骨頭尖部的稍前方（圖 3-18）。此韌帶與其淺面的股二頭肌和髂脛束有加強和保護膝關節外側部的作用。腓側副韌帶不與關節囊壁相連，膝下外側血管從其深面穿過。屈膝時該韌帶鬆弛，伸膝時韌帶緊張。腓側副韌帶一般不易損傷，一旦發生則常伴有腓總神經的牽拉或斷裂，應予注意 [24-25]。

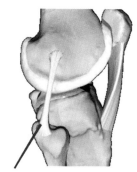

腓側副韌帶

圖 3-18　腓側副韌帶結構圖

膝關節側副韌帶的結構能保證在膝關節不同度數的屈曲情況下，側副韌帶均處於緊張狀態。它與十字韌帶結合起來，引導股骨遠端在脛骨近端上做複雜的滾動和滑動運動。當關節少量負荷或無負荷時，內側副韌帶和前交叉韌帶組成了穩定關節的有抗力的一對。後交叉韌帶是膝關節承受壓力最大的韌帶 [26-28]。

3.5 關節軟骨生物力學特性

軟骨（cartilage）：為人類和脊椎動物特有的胚胎性骨骼，一種無血管組織。可分為透明軟骨、彈性軟骨和纖維軟骨，為一種略帶彈性的堅韌組織，在機體內起支持和保護作用。軟骨是由軟骨細胞、纖維和基質構成，其中基質占了體積的 95%，而水分又占了基質的 70%。基質的有機成分主要是多種蛋白，如軟骨黏蛋白、膠原和軟骨硬蛋白等。由於軟骨沒有血液供應，在基質中含有大量的第二型膠原和葡萄糖胺聚合醣（GAG）來幫助物質擴散。在胎兒和年幼期，軟骨組織分布較廣，後來逐漸被骨組織代替。成年人軟骨存在於骨的關節面、肋軟骨、氣管、耳廓、椎間盤等處。

3.5.1 軟骨的組成結構

軟骨由軟骨組織及其周圍的軟骨膜（關節軟骨除外）構成。軟骨膜分內外兩層：外層纖維較多，較緻密，主要起保護作用；內層細胞和血管多，較疏鬆，對軟骨組織起營養作用，其中的梭形骨祖細胞可增殖分化為軟骨細胞，使軟骨生長。軟骨組織由軟骨細胞和細胞間質構成，細胞間質由軟骨基質、纖維和軟骨細胞構成。軟骨是具有某種程度硬度和彈性的支持器官。在脊椎動物中非常發達，一般見於成體骨骼的一部分和呼吸道等的管狀器官壁、關節的摩擦面等。發生初期骨骼的大部分一度由軟骨構成，後來被骨組織所取代。根據軟骨基質內所含纖維的不同，可將軟骨分為透明軟骨、彈性軟骨和纖維軟骨三種 [29]。

1. 透明軟骨（hyaline cartilage）

透明軟骨分布較廣，成體的關節軟骨、肋軟骨及呼吸道的一些軟骨均屬這種軟骨。新鮮時呈半透明狀，較脆，易折斷。透明軟骨間質中的纖維為膠原纖維，含量較少，基質較豐富。

2. 彈性軟骨（elastic cartilage）

彈性軟骨分布於耳廓及會厭等處。結構類似透明軟骨，僅在間質中含有大量交織成網的彈性纖維，纖維在軟骨中部較密集，周邊部較稀少。這種軟骨具有良好的彈性。

3. 纖維軟骨（fibrous cartilage）

纖維軟骨分布於椎間盤、關節盤及恥骨聯合等處。基質內富含膠原纖維束，呈平行或交錯排列。軟骨細胞較小而少，成行排列於膠原纖維束之間。

表 3-2　軟骨的分類

種類	透明軟骨 （hyaline cartilage）	彈性軟骨 （elastic cartilage）	纖維軟骨 （fibrous cartilage）
形態			
分布	肋、關節面、鼻、喉、氣管、支氣管、骺板、早期胚胎骨架	耳廓、外耳道、咽鼓管、會厭、喉	椎間盤、關節盤、半月板、恥骨聯合、肌腱和韌帶插入部
軟骨基質	II 型膠原纖維、蛋白聚醣	彈性纖維、II 型膠原纖維、蛋白聚醣	I 型膠原纖維、II 型膠原纖維、蛋白聚醣
細胞	軟骨細胞、成軟骨細胞	軟骨細胞、成軟骨細胞	軟骨細胞、成纖維細胞

種類	透明軟骨 （hyaline cartilage）	彈性軟骨 （elastic cartilage）	纖維軟骨 （fibrous cartilage）
軟骨膜	有（除關節軟骨和髕板）	有	無
功能	抗壓力、減少摩擦、提供結構支持、軟骨內成骨、長骨生長	提供柔韌的結構支持	抗壓力與應力、吸收震盪
鈣化	可（軟骨內成骨）	否	可（骨折修復）
生長	間質生長和外加生長（成人的軟骨生長有限）		
再生	再生能力很弱，損傷後通常形成緻密結締組織瘢痕或纖維軟骨		

3.5.2 軟骨的細胞結構

軟骨細胞（chondrocyte）位於軟骨陷窩內（圖 3-19）。在軟骨組織的周邊部，軟骨細胞較小，為幼稚的軟骨細胞。從周邊向深部，軟骨細胞逐漸長大成熟，變為橢圓形或圓形，常成群分布，每群 2～8 個細胞。這些細胞是由一個幼稚軟骨細胞分裂增殖而來的，故稱同源細胞群（isogenous group）（圖 3-20）。成熟的軟骨細胞核為圓形或卵圓形，染色淺，可見 1 到 2 個核仁，胞質弱嗜鹼性。電鏡下軟骨細胞表面有許多突起和皺摺，胞質內含有豐富的粗面內質網和發達的高爾基複合體，粒線體較少而糖原和脂滴較多。軟骨細胞具有合成和分泌軟骨組織的基質和纖維的功能[30-31]。

3.5.3 軟骨的生物力學特性

1. 傳導載荷

膠原纖維有良好的抗拉伸強度和剛度。在關節軟骨基質中的膠原纖維有其特殊的排列，即膠原纖維的拱形結構及薄殼結構，這種結構

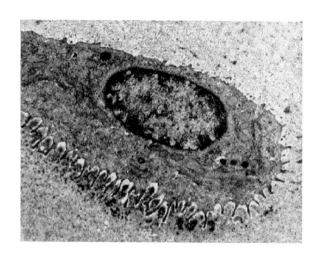

圖 3-19 軟骨細胞微視圖

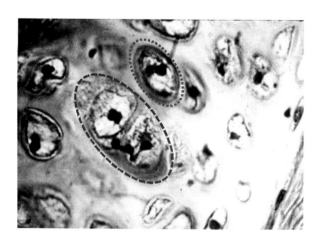

圖 3-20 軟骨細胞、軟骨陷窩、同源細胞群

大大增強了纖維的抗拉伸強度及剛度，使關節受力性能更佳，是傳導載荷極重要的結構基礎。

當關節軟骨負載時，膠原纖維的張力消失，纖維的拱形結構發生壓縮變形，蛋白多醣分子與水大量移動。水分可向兩側移動也可滲透

到軟骨表面並進入關節腔；蛋白多醣則發生形態改變，並因水分的丟失而導致其濃度增加，隨即又增加膨脹壓，直至膨脹壓與外界壓力相平衡。這樣減耗外來的壓力，並沿膠原纖維的方向將傳遞過來的壓力分散到軟骨下骨。又可因軟骨變形而使關節面的接觸彼此適應，並隨負荷傳導的增加而使接觸面逐步擴大（即軟骨的順應性），以保持其壓力處於可接受的低水準。卸載時，壓力消失，膠原纖維的拱形結構回復原狀，膠原纖維呈現全部張力，液體回到軟骨內，蛋白多醣的膨脹力受到抑制。除上述負載和卸載過程是載荷傳導的過程以外，它又有「唧筒」作用，它能「擠出」軟骨代謝的產物並「吸入」滑液中的營養成分，爲軟骨提供營養和維持軟骨細胞的外環境。被「壓出」的水分（負載時），又是關節良好的天然潤滑劑。膠原纖維細長，有良好的抗拉伸應力，但單個纖維卻沒有承受壓力的能力；而含水的蛋白多醣雖然只能承受很小的拉伸力，但有良好的抗壓力。膠原纖維和蛋白多醣這兩種截然不同的性質在軟骨功能上起到互補的作用；而且，黏稠的毛刷狀的水化蛋白多醣分子圍繞在膠原纖維周圍，並柔和地附於這一纖維網路的閉合系統中，就能承受很大的壓應力。從這意義上說，軟骨所具有的傳導載荷功能是膠原纖維和蛋白多醣功能的協同表達 [32]。

2. 吸收震盪

蛋白多醣共聚體分子水準的變化與關節軟骨的彈性有直接關係。蛋白多醣的親水性很強，故在水中有很大的溶解度。又因爲蛋白多醣分子上有固定的負電荷存在，它可以吸附一層 Na^+、Ca^{++} 正離子以中和這些負離子；相鄰的蛋白多醣分子鏈上的負離子相互排斥，使軟骨基質保持一種硬的伸展結構狀態。蛋白多醣濃縮液體通過滲透作用達到稀釋，因此有一種膨脹的趨勢；但由於膠原纖維特殊的拱

形結構而將蛋白多醣包繞於其中，形成一完整的閉合系統而阻止了蛋白多醣的無限膨脹。因此，即使未受外界應力，軟骨基質有一約 0.35 MPa 的滲透膨脹壓（或稱預壓）。

蛋白多醣共聚體與水溶液接觸後會充分地膨脹，體積達到該溶液的體積為止。欲使已膨脹的體積變小是很困難的，需要相當大的力量將共聚體之間的溶液排出才能達到目的。如果用足夠的力使蛋白多醣共聚體的體積變小，而一旦去掉或不能維持足夠的力，則蛋白多醣共聚體將重新膨脹到其所能得到的液體的最大體積，這就表現出軟骨的彈性。在載荷傳導過程中，由於軟骨具有上述彈性，所以它能中斷並逐漸消除跑、跳時可能產生的衝擊力。同時，膠原纖維形成的線樣或繩索樣結構，其直徑明顯不同，膠原索又交織成網狀或板層狀，能有效地吸收震盪和超寬範圍震動頻率的能量。

3. 抗磨損

任何兩個面相對運動都會產生摩擦，摩擦會使作用面產生不同程度的磨損。所謂磨損是指通過機械作用去除固體表面的物質。它包括承載面之間的相互作用引起的介面磨損和接觸體變形引起的疲勞性磨損。關節軟骨在滑膜關節中作為骨的襯裡材料表現出高度的潤滑性能。這主要依靠其平整光滑的表面及其在關節潤滑機制中所起的作用。這些作用使正常關節的摩擦係數幾乎等於零。

迄今為止，人們依然認為成人的軟骨是不能再生的，但它卻能保持一生不會磨損破壞。這除了關節有良好的潤滑以外，關節軟骨本身的結構也極有利於抗磨。關節軟骨淺層的膠原纖維形成一層平行於關節面的薄殼結構，成為關節軟骨的遮蓋面。它的成分除了關節軟骨所特有的 N 型膠原外，還有 I 型膠原，後者增加了表層纖維的硬韌度。薄殼結構起類似硬韌的、耐磨的皮膚保護體表的作用，保護

關節軟骨抵抗各種應力的破壞及免受機械的磨損。但當關節軟骨損傷時，即使僅是超微結構水準的損傷，也會導致軟骨滲透性增加，液體流動的阻力減小，液體從軟骨面流失，從而增加了關節兩端面的接觸而加深研磨，加劇軟骨的損傷，形成一惡性循環。此外，在載荷作用下，軟骨面反覆變形，即使是小分子材料具極強的強度，但由於是反覆作用也容易造成軟骨基質中的膠原拱形結構斷裂以及蛋白多醣分布的變化，從而產生疲勞性磨損。再者，一些病理因素如先天性髖臼發育不良、股骨頭骨髓滑脫、關節內骨折等均可因幾何形狀變化而導致關節面的不協調，增加了關節軟骨間的磨損；又由於局部高壓應力而導致關節軟骨的損傷。

參考文獻

1. Johnson MA, Polgar J, Weightman D, Appleton D. Data on distribution of fiber types in thirty-six human muscles: An autopsy study. J Neurol Sci. 1973; 18(1): 111-29.

2. Saltin B, Henriksson J, Nygaard E, Andersen P, Jansson E. Fiber types and metabolic potentials of skeletal muscles in sedentary man and endurance runners. Ann NY Acad Sci. 1977; 301: 3-29.

3. Vogler C, Bove KE. Morphology of skeletal muscle in children. Arch Pathol Lab Med, 1985; 109: 238-242.

4. Herzog W, Leonard TR, Wu JZ. The relationship between force depression following shortening and mechanical work in skeletal muscle. J Biomech. 2000; 33(6): 659-68.

5. Huxley HE. The mechanism of muscular contraction. Science. 1969; 164(2886): 1356-1366.

6. Ingjer F. Maximal aerobic power related to the capillary supply of the quadriceps femoris muscles in man. Acta Physiol Scand. 1978; 104(2): 238-40.

7. Martin JC. Muscle power: the interaction of cycle frequency and shortening velocity. Exerc Sport Sci Rev. 2007; 5(2): 74-81.

8. Aguilar HN, Mitchell BF. Physiological pathways and molecular mechanisms regulating uterine contractility. Hum Reprod Update. 2010; 16(6): 725-44.

9. Sullivan G, Guess WL. Atromentin: a smooth muscle stimulant in Clitocybe subilludens. Lloydia. 1969; 32(1): 72-5.

10. Pollard TD, Earnshaw WC. Cell Biology. Philadelphia: WB Saunders Company; 2007.

11. Olivetti G, Cigola E, Maestri R, Corradi D, Lagrasta C, Gambert SR, Anversa P. Aging, cardiac hypertrophy and ischemic cardiomyopathy do not affect the proportion of mononucleated and multinucleated myocytes in the human heart. J Mol Cell Cardiol. 1996; 28(7): 1463-77.

12. Józsa Land Kannus P. Champaign, Illinois, Human Kinetics. Human Tendons: Anatomy, Physiology and Pathology. J Bone Joint Surg Am, 1999; 81(1):148-148 (Book Review).

13. Fratzl P. Cellulose and collagen: from fibres to tissues. Current Opinion in Colloid & Interface Science. 2003; 8(1): 32-39.

14. Boyer MI, Watson JT, Lou J, Manske PR, Gelberman RH, Cai SR. Quantitative variation in vascular endothelial growth factor mRNA expression during early flexor tendon healing: an investigation in a canine model. J Orthop Res. 2001; 19(5): 869-72.

15. Kyung HS, Kim SY, Oh CW, Kim SJ. Tendon-to-bone tunnel healing in a

rabbit model: the effect of periosteum augmentation at the tendon-to-bone interface. Knee Surg Sports Traumatol Arthrosc. 2003; 11(1): 9-15.

16. Amis AA. The strength of artificial ligament anchorages: a comparative experimental study. J Bone Joint Surg Br. 1988; 70(3): 397-403.

17. Barber FA, Fanelli GC, Matthews LS, Pak SS, Woods GW. The treatment of complete posterior cruciate ligament tears. Arthroscopy. 2000; 16(7): 725-31.

18. Martin JC, Lamb SM, Brown NA. Pedal trajectory alters maximal single-leg cycling power. Med Sci Sports Exerc. 2002; 34(8): 1332-6.

19. Howell SM. Arthroscopically assisted techniques for preventing roof impingement of an anterior cruciate ligament graft illustrated by the use of an autogenous double-looped semitendinosus and gracilis graft. Operative Techniques in Sport Medicine. 1993; 1(1): 58-65.

20. Hulstyn M, Fadale PD, Abate J, Walsh WR. Biomechanical evaluation of interference screw fixation in a bovine patellar bone-tendon-bone autograft complex for anterior cruciate ligament reconstruction. Arthroscopy. 1993; 9(4): 417-24.

21. Cross MJ, Powell JF. Long-term followup of posterior cruciate ligament rupture: a study of 116 cases. Am J Sports Med. 1984; 12(4): 292-7.

22. Gollehon DL, Torzilli PA, Warren RF. The role of the posterolateral and cruciate ligaments in the stability of the human knee. J Bone Joint Surg Am. 1987; 69(2): 233-42.

23. Grood ES, Stowers SF, Noyes FR. Limits of movement in the human knee: effect of sectioning the posterior cruciate ligament and posterolateral structures. J Bone Joint Surg Am. 1988; 70(1): 88-97.

24. LaPrade RF, Ly TV, Wentorf FA, Engebretsen L. The posterolateral

attachments of the knee: a qualitative and quantitative morphologic analysis of the fibular collateral ligament, popliteus tendon, popliteofibular ligament, and lateral gastrocnemius tendon. Am J Sports Med. 2003; 31(6): 854-60.

25. Sanchez AR, Sugalski MT, LaPrade RF. Anatomy and biomechanics of the lateral side of the knee. Sports Med Arthrosc. 2006; 14(1): 2-11.

26. Boynton MD, Tietjens BR. Long-term follow up of the untreated isolated posterior cruciate ligament-deficient knee. Am J Sports Med. 1996; 24(3): 306-310.

27. Brown CH, Steiner ME, Carson EW. The use of hamstring tendons for anterior cruciate ligament reconstruction. Technique and results. Clin Sports Med. 1993; 12(4): 723-56.

28. Butler DL, Noyes FR, Grood ES. Ligamentous restraints to anteriorposterior drawer in the human knee. J Bone Joint Surg Am. 1980; 62(2): 259-70.

29. Pratt and Rebecca. Supporting Tissue: Cartilage. AnatomyOne. Amirsys, Inc.

30. Dominici M, Hofmann TJ, Horwitz EM. Bone marrow mesenchymal cells: biological properties and clinical applications. J Biol Regul Homeost Agents. 2001; 15(1): 28-37.

31. Bianco P, Riminucci M, Gronthos S, Robey PG. Bone marrow stromal stem cells: nature, biology and potential applications. Stem Cells. 2001; 19(3): 180-92.

32. Hayes WC, Mockros LF. Viscoelastic properties of human articular cartilage. J Appl Physiol. 1971; 31(4): 562-8.

第四章　下肢關節解剖與生物力學

髖關節

　　髖關節（hip joint）是人體中最大且最穩定的關節之一，相對於膝關節，髖關節具有較穩定的功能表現，主要由於股骨頭及髖臼窩分別扮演球與窩的型態結構以及周圍關節囊、肌肉和韌帶等軟組織所形成，關節囊及韌帶提供髖關節靜態穩定作用，而肌肉則提供髖關節動態穩定的功用。

4.1 髖關節之骨骼解剖與關節組成

　　髖關節是多軸性球窩狀關節，由股骨的股骨頭和髖骨的髖臼兩部分組成（圖 4-1），其中心位於腹股溝韌帶中 1/3 稍下，關節面相互成曲面狀，但大小不等，也不完全適應，只在完全伸展並輕度外展及內旋時緊密對合，年幼時其表面更似卵圓形，隨年齡增長而變成球形 [1]。

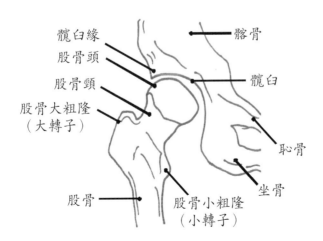

圖 4-1　髖關節之解剖圖

1. 髂骨

呈扇形，扇面向上，柄向下與坐、恥骨相連接。髂骨背側面由肥厚的髂骨體和髂骨翼構成，髂骨體參與構成髖臼，髂骨翼是一寬闊的骨板，中央甚厚，並逐漸增厚，其上緣寬稱髂脊。

2. 坐骨

是髖骨中的第二大骨，略呈勺狀位於髂骨的後下方，分為體及上、下兩支。坐骨體為坐骨的上部，構成髖臼的後下部。坐骨上支呈三稜柱形，向下後終於坐骨結節；坐骨下支起自上支下端。

3. 恥骨

呈勺狀，位於髖骨的前下方，分為體和上、下支，恥骨體部構成髖臼的前下部，與髂骨相接處呈粗隆狀稱髂恥隆起。恥骨上支向前下內方移行為恥骨下支。上、下支移行處的內側有恥骨聯合面，與對側恥骨相接構成恥骨聯合。

4. 髖臼

位於髖骨中部外側面，髂前上棘與坐骨結節連線的中間，為半球形深凹窩，臼口朝前下外方，將髖臼外側分為前、後兩部分，前部向前向內傾斜，後部向後。髖臼由髂骨體、坐骨體和恥骨體三部分構成。髖關節面呈半月形，為透明軟骨所覆蓋，稱月狀面，位於髖臼周圍，其上部和後部因承受巨大的壓力而增厚增寬 [2]。

5. 股骨頭

除頂部稍顯扁平外，整體膨大呈球形，向前內上方傾斜，與髖臼相關節。股骨頭頂端稍下方有一小窩稱股骨頭凹，為股骨頭韌帶附著處，內有少量細小血管。除股骨頭凹外，股骨頭均被一層光滑的關節軟骨覆蓋。軟骨層厚度並非均勻一致，而是中部較厚，周緣較薄 [3]。

6. 股骨頸

為股骨頭下較細長的部分，中段最細。其前面較平坦，後面光滑而凹陷，稍短而鈍圓，向外下方移行於股骨大轉子；下緣銳而薄，向外下方移行於股骨小轉子。股骨頸與股骨軸之間形成的角稱頸幹角（圖 4-2），隨著年齡的增大和關節的負重增加，頸幹角逐漸變小。股骨頸的縱軸線和股骨內外髁中點的連線形成的角度，或股骨縱軸線與股骨頸縱軸線夾角，稱為前傾角（圖 4-3）。根據股骨應力線的方向，上述頸幹角和前傾角的正常位置最適合負重的需要 [4-5]。

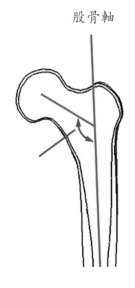

圖 4-2　股骨內傾角

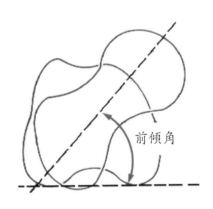

圖 4-3　股骨前傾角

7. 股骨轉子部

股骨轉子部位於股骨幹外側頂端，呈四方形隆起，其上緣與股骨頭凹在同一水準線上，大轉子後方與轉子間脊相連，轉子間脊向下延續直至股骨軸後內側的小轉子。大轉子呈長方形，置於股骨頸的後

上部，其位置表淺，可以觸知，是很明顯的骨性標誌，遇直接暴力可致大轉子骨折。內下部與股骨頸及股骨幹以鬆質骨相連。

8. 股距

為股骨上段內負重系統一個重要組成部分。它位於股骨頸幹連接部的內後方，在小轉子深部，為多層緻密骨構成的骨板（圖 4-4）。股距作為股骨幹後內側骨皮質的延伸，股骨是偏心受力，應力不是平均分布，在應力較大部分，必然需要更為堅固的骨組織加以抗衡。股距是股骨上段偏心受力的著力點，為直立負重時最大壓應力部位，同時也受到彎矩和扭矩的作用，其存在增加了頸幹連接部對應力的承受能力。

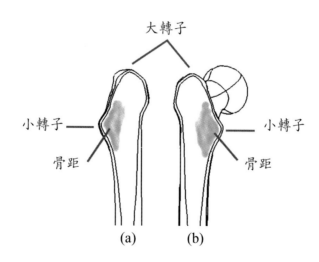

圖 4-4　股距 (a) 沿小轉子切面；(b) 沿股骨頸橫切面。

4.2 髖關節之韌帶組成

髖關節周圍肌肉除了主動收縮造成關節運動外，周圍肌肉尚扮演輔助韌帶提供穩定度的角色（圖 4-5）[6]。

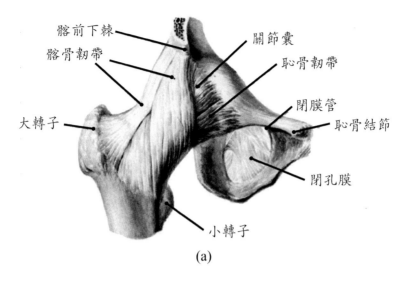

(a)

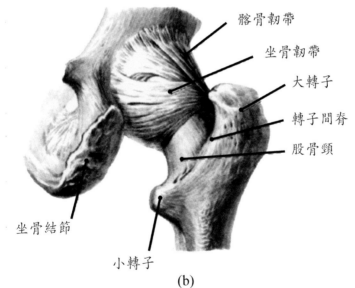

(b)

圖 4-5　髖關節韌帶組成：(a) 前視圖；(b) 後視圖。

1. 髂股韌帶

位於關節囊之前，緊貼股直肌的深面，呈倒置的 Y 形。起於髂前下棘，向下分為外、內二支，分別止於轉子間線的上部和下部。該韌帶長而堅韌，但兩支之間薄弱，有髂腰肌被覆其上。

2. 坐骨韌帶

位於關節囊後面，略呈螺旋形，較薄弱。起於髖臼後下部，向外上經股骨頸後面，移行於關節囊輪匝帶，止於大轉子根部，能防止髖關節過度內收內旋。

3. 恥骨韌帶

位於關節囊的前下方，起於髂恥隆起、恥骨上支、閉孔膜等，斜向下外，移行於關節囊內側部，止於轉子間線的下部，可限制髖的外展。輪匝帶為關節囊在股骨頸深層纖維的環狀增厚部分，能約束股骨頭向外脫出。

4. 股骨頭韌帶

為關節囊內的三角形纖維帶，起於髖臼橫韌帶和髖臼切跡，止於股骨頭凹。在髖關節屈曲、內收或外旋時股骨頭韌帶緊張，可有保持股骨頭穩定的作用。髖臼橫韌帶架於髖臼切跡之上，短而緊張，被股骨頭圓韌帶所附著，故收圓韌帶牽拉而緊張。

4.3 髖關節的運動範圍

髖關節與肩關節一樣屬於多軸性球窩狀關節，雖然其運動範圍較肩關節小，不如肩關節靈活，但穩固性強。髖關節可以有三個平面的動作，這些動作分別是：矢狀面上的曲伸動作、冠狀面上的內收外展動作以及橫截面上的內外旋轉動作（圖 4-6），同時還伴隨有部分的環轉動作。在日常生活中，走路便會使用到髖關節，而且包含了這三種動作。這三個平面動作的範圍不同，以曲伸動作的角度最大，可到 150°，內收為 30°，外展為

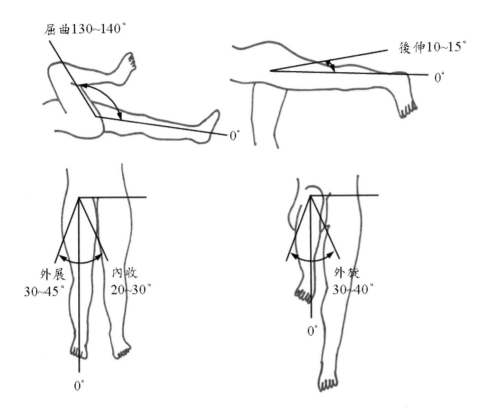

圖 4-6　髖關節之活動示意圖

45°，內外旋則分別爲 45°。

1. 屈曲、後伸

   髖關節在矢狀面內圍繞冠狀軸前後運動，向前爲屈，向後爲伸。範圍：髖關節曲屈有到 130°～140°，而後伸約有 10°。測定方法：平臥位，下肢伸直，此時髖關節處於 0° 位。下肢擡高，大腿緊靠腹部爲屈髖，下肢向後提拉爲伸髖。

2. 內收、外展

   髖關節在額狀面內繞矢狀軸的運動。範圍：內收範圍一般 20°～30°，外展 30°～45°。測量方法：下肢向軀幹正中線靠攏爲內收，

遠離軀幹正中線爲外展。

3. 內旋、外旋

髖關節在水平面內繞縱軸旋轉。範圍：內旋 30°～45°、外旋 40°～50° 旋外運動大於旋內運動。

4.4 髖關節生物力學

4.4.1 髖關節之靜力學

髖關節的力學分析可說非常重要，因爲大部分的髖關節疾病皆牽涉到力學問題。以靜力學來說明，當單腳站立時，地面的反作用力等於體重（R = W），而體重又可以分爲右腳重量（1/6W）及身體其他部分（5/6W），其他其主要的作用力爲：(a) 地面反作用力（W）：大小約爲體重之 5/6；(b) 外展肌力（M）：作用點於大轉子上，作用力方向可依 X 光片沿肌肉走向；(c) 關節內作用力 J：作用點於關節面接觸點。

此時，身體與右髖關節分兩部分各別討論。其一，身體部分（圖 4-7）：

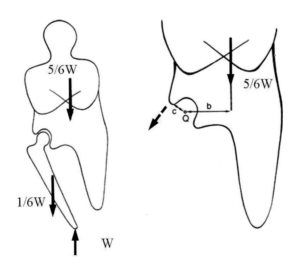

圖 4-7　單腳站立時，身體部分之受力簡示圖

由於體重（5/6W）所產生的力矩需由外展肌力 M 來平衡，此時兩力對髖關節瞬時旋轉中心（Q）之距離分別為 b 和 c，其平衡方程式如下：

$\Sigma M = 0$　　$(5/6W \times b) - (M \times c) = 0$

$M = (5/6W) \times (b / c)$

b 和 c 的距離均可藉由 X 光片中求得，於此例中設外展肌力為體重之兩倍，而作用方向約與垂直線成 30°，那麼水平分力（M_X）和垂直分力（M_Y）為：

$M = 2W$　　$M_Y = M \times \cos 30° = 1.7W$　　$M_X = M \times \sin 30° = W$

其二，右髖關節部分（圖 4-8）：下肢重量（1/6 W）及地面反作用力（R）為已知條件，而關節內作用力（J）均需通過瞬時旋轉中心（Q）時，其大小和方向皆可利用靜力平衡的概念求得。

$$\begin{cases} M_X - J_X = 0 \\ M_Y - J_Y - 1/6W + W = 0 \end{cases} \Rightarrow \begin{cases} M_X = J_X = W \\ J_Y \cong 1.7W + 5/6W \cong 2.5W \end{cases}$$

進而利用圖解法反求出關節內作用力（J）約為體重 2.5 倍，同時此力與垂直線夾角（α）為：

$\tan \alpha = J_Y / J_X = 2.5$　　$\alpha = 69°$

4.4.2 髖關節之運動學

行走是髖關節重複最多的活動，正確了解正常人體在行走中的髖關節運動將有助於理解髖關節的功能。髖關節的屈曲開始於足跟著地之前，持續到支撐中期。髖關節的伸展，從支撐中期持續到支撐後期。擺動期則以屈曲為主。髖關節外展運動發生在站立相後期，最大外展在足趾離地之後，隨後開始內收，持續到站立相後期。站立相後期開始外旋，在大部分擺動相保持外旋。內旋運動在足跟著地前，持續到站立相後期，然後髖關節又重新開始外旋運動。髖關節在上述三個平面的運動在行走時不斷循環反覆。

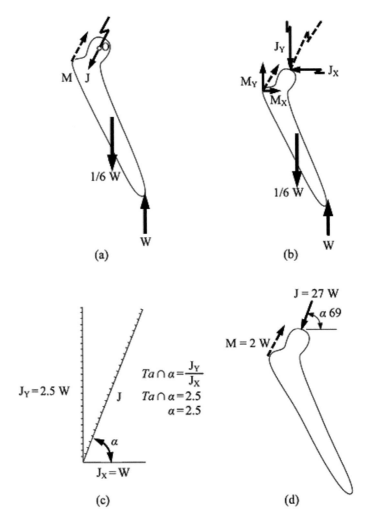

$$Ta \cap \alpha = \frac{J_Y}{J_X}$$
$$Ta \cap \alpha = 2.5$$
$$\alpha = 2.5$$

圖 4-8 　單腳站立時髖關節部分之受力簡示圖

　　髖關節在日常活動中，其三平面的活動範圍有所不同，以走路而言，屈伸動作約在 +40° 到 −5°，內收外展動作及內外旋轉動作則約在 +5° 到 −5° 之間。而上樓梯時，活動範圍較大，曲伸活動範圍為 67°，內收外展動作及內外旋轉動作分別約為 28° 及 26°。而在跑步時，矢狀面上的曲伸動作範圍會增加。髖關節在單腳站立時，必須承受 1/3 的身體重量。在日常走

路時（速度為 1.5 m/s），最大關節受力約為 2.5 倍體重 [7]，而當跑步時（速度為 3.5 m/s），最大關節受力約為 5 倍體重 [8-11]。因此髖關節受力會因不同之運動方式而有不同之受力情形。髖關節在步態週期過程會有兩個受力波峰，分別在足後跟著地及趾尖離地時，上了年紀的老人家，一年髖關節的活動量約為一百萬次，這麼一個高負荷、高頻率的使用狀態之下，退化性關節病症的產生也是可預期的 [12-13]。

4.5 髖關節之穩定度

　　髖關節是股骨頭和髖臼的結合，就像一顆球嵌進一凹形窩，賴此特殊的構造，使髖關節具有先天較大的活動度，而圍繞在髖關節旁的肌肉組織，形成強大的外層支持結構，保證髖關節的穩定性。增強其肌力對於防止髖關節的脫位很重要，在承重和步行中髖外展肌群、內收肌群、臀大肌、伸軀幹肌和股四頭肌占有重要位置，因此在髖關節傷病人應著重做這些肌群的抗阻練習。

　　限制髖關節運動幅度的因素有：(1) 關節深窩：髖關節的髖臼很深，可容納股骨頭的 2/3。加上髖臼唇加深了關節窩，幾乎使整個股骨頭被包繞在關節窩內，因而使髖關節活動時股骨頭不易脫出。(2) 堅韌且厚的關節囊：髖關節囊厚而緊張，大大增加了其穩固性，也限制關節的活動幅度。(3) 關節周圍韌帶數量多且緊張有力：韌帶加固髖關節。如其中的髂股韌帶最為堅韌，可隨髖關節後伸而逐漸緊張，限制髖關節過度後伸。再如當髖關節緊密對合時，恥骨韌帶及坐骨韌帶也產生緊張，以防止髖關節過度外展、內收或旋內的作用。

膝關節

　　膝關節（knee joint）為人體中最大的關節，其包括脛股骨關節與髖股

骨關節兩個關節面。於日常的活動中兩個關節面不僅受力大，其運動形態也相較於人體其他關節複雜，因此也是最容易受傷的關節。膝關節由四部分骨組成，另有四條韌帶維持關節的穩定和排列關係，組合成光滑、穩定的活動關節。

4.6 膝關節之骨骼解剖與關節組成

人體膝關節其組成包括有股骨、脛骨、腓骨以及髕骨（圖 4-9）。其中股骨和脛骨屬於長骨。兩長骨間的軸線（冠狀面）並非平行，約有 7°～10° 的外翻角度（圖 4-10）。而髕骨又稱為膝蓋骨，呈倒三角形，是人體骨骼系統中最大的種子骨（圖 4-9），其上面附有股四頭肌和髕骨韌帶，在膝關節運動中扮演重要角色，其可增加股四頭肌的作用力臂，幫助關節運動達到有效的力學效應。此外腓骨亦屬於膝關節的一部分，連接於脛骨的外側後方，腓骨上附著外側韌帶可提供膝關節外側的穩定 [14-15]。

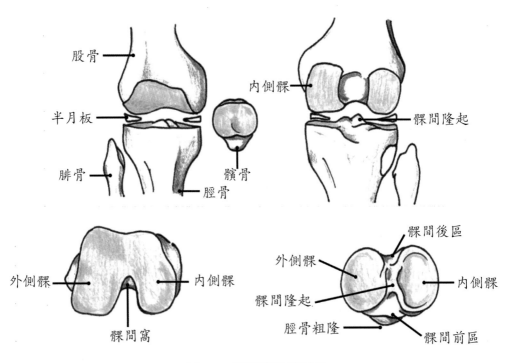

圖 4-9　膝關節之解剖圖

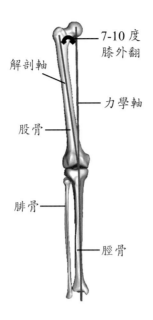

圖 4-10　關節解剖軸線

　　就結構上來說，膝關節包含三個關節面，其中兩個位在股骨與脛骨間，另一個則位在髕骨與股骨間。此兩部分則構成兩個主要關節，即是脛股骨關節及髕股骨關節。

1. 脛股骨關節（tibiofemoral joint）

　　脛骨髁是平的，股骨髁是凸起滑車形態。因此，由骨骼觀點探究，脛股骨關節是非常不穩定的。然而，可經由兩個半月板，強韌的外在滑囊韌帶，和有力的肌肉等部分以代償骨骼的穩定度不足。半月板與韌帶的形狀和位置，使得脛股骨關節如同一改良的樞扭關節，可以作為屈曲／伸直時主要的動作平面。膝關節在矢狀面的運動為彎曲伸展，其範圍介於 0°～140° 間。在橫斷面的運動為旋轉，造成此結果是因為股骨內髁比外髁長約 1.7 公分，故在活動期間股骨與股骨相互影響，因此當膝關節由彎曲到逐漸伸直時，為了配合此

項幾何構造，脛骨會由內轉位置逐漸外轉 [16]。

2. 髖股骨關節（patellofemoral joint）

脛股骨關節屬滑液滑動關節，當膝伸直和屈曲過程中，髖骨由髖骨表面在股骨髁間上下滑動。膝完全伸直時，髖骨的上 1/2 關節面位於上髖骨滑囊之上。膝屈曲時，髖骨於髁間溝向下滑動，髁間溝由髖骨面和股骨髁所形成。隨著屈曲角度增加至 90°，髖骨和股骨之間的接觸面積逐漸增加，當髖骨移動到髁間切跡最寬的部位，接著接觸面積開始減少。在成人由膝完全伸直到完全屈曲，髖骨滑動的距離約 8 公分。髖骨在股骨上的動作由髖骨和髁間溝關節面之形狀，及附著到髖骨的許多纖維附著物等因素決定。因此在矢狀面，髖骨在關節面上有正常的滑動動作（圖 4-11）[17]。

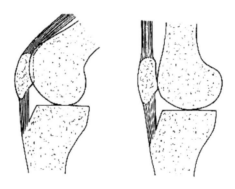

圖 4-11　髖骨位置對於膝關節角度之影響（屈曲 45° 及完全伸展）

3. 膝關節半月板（meniscus）

半月板是兩個月牙形的纖維軟骨，位於脛骨平臺內側和外側的關節面（圖 4-12）。其橫斷面呈三角形，外厚內薄，上面稍呈凹形，以便與股骨髁相吻合，下面為平的，與脛骨平臺相接。這樣的結構恰好使股骨髁在脛骨平臺上形成一較深的凹陷，從而使球形的股骨髁

與脛骨平臺的穩定性增加。半月板的前後端分別附著在脛骨平臺中間部非關節面的部位，在髁間棘前方和後方。當膝關節在活動過程中，脛骨與股骨的接觸面積都是相當的小，而半月軟骨可隨著關節運動，改變其外形並有效地增加 3～4 倍的接觸面積（圖 4-13）。半月板的三個主要功能如下：

(1) 可維持所有關節角度下，關節面之一致性：當關節在動作時，半月板可因應股骨髁改變曲線，使關節在所有的位置皆可維持於關節面間。

(2) 可促進關節吸收衝擊的能力：承受負荷時半月板可改變形狀，以協助吸收關節所承受之負荷衝擊。同時因幾何變形可增加關節間接觸面積，進而有效減少關節軟骨的壓應力。

(3) 可維持關節液通過關節軟骨的循環：關節軟骨結構與海綿相似，有緻密的網狀系統，同時有微小的孔洞相互連接。在關節動作時，關節作用力壓迫關節軟骨，使關節軟骨內的滑液被壓擠出。在放鬆期間，當關節作用力減少時，軟骨的黏彈特性使軟骨回到無負荷時之大小與形狀，且滑液回流至軟骨。

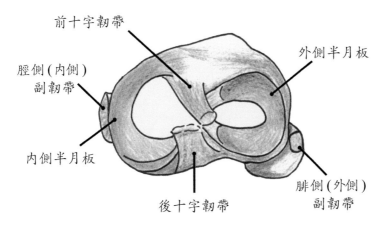

圖 4-12　膝關節上之半月板示意圖

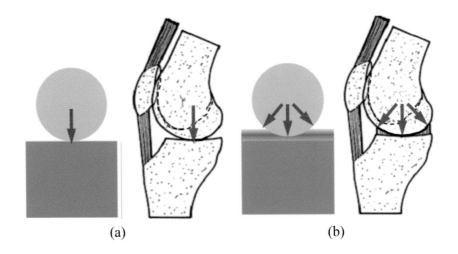

圖 4-13　脛股骨關節受力示意圖：(a)若無半月板之受力及股骨與脛骨接觸情況；
　　　　(b) 有半月軟骨之受力及股骨與脛骨接觸情況。

4.7 膝關節之韌帶與肌肉組成

　　膝關節穩定度之維持主要是由四條滑囊外韌帶支持脛股骨關節，包含
前十字韌帶、後十字韌帶、外側副韌帶及內側副韌帶（圖 4-14）。

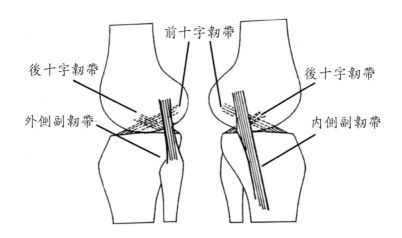

圖 4-14　左膝韌帶圖：(a) 外側視圖；(b) 內側視圖。

1. 前十字韌帶（anterior cruciate ligament, ACL）

由股骨外髁之後內側，延伸至脛骨平臺前方，附著於外側半月板之前角，若喪失此韌帶，會導致脛骨相對股骨向前異常移動。

2. 後十字韌帶（posterior cruciate ligament, PCL）

由股骨內髁之前下外部，延伸至脛骨平臺的後方，若喪失此韌帶，會導致脛骨相對股骨向後異常移動。前十字韌帶朝外繞過後十字韌帶，於髁間切跡彼此交叉。

3. 外側副韌帶（lateral collateral ligament）

為條束狀堅韌的纖維束，起於股骨外上髁，止於腓骨小頭，與關節囊之間有疏鬆結締組織相隔，膕肌腱通過外側副韌帶與外側半月板之間，淺面為股二頭肌肌腱，兩者之間有滑囊相隔。膝屈曲時該韌帶鬆弛，伸直時則緊張，和髂脛束一起限制膝關節的過度內翻活動。

4. 內側副韌帶（medial collateral ligament）

其附著點為股骨內上髁及脛骨下方內側。此兩條韌帶可協助預防脛骨過度伸展及外轉，此外也可預防外展及內收。

環繞膝關節四周的眾多肌肉，以位於大腿前方的股四頭肌與位於大腿後方的大腿後肌最為重要。這些肌肉多為起始於髖骨或股骨，而終止於脛骨或腓骨。而這兩項肌肉群其作用及功能可分為兩個肌群：⑴ 前面肌群：可伸展小腿，為伸肌群，亦可彎曲大腿；由股神經支配；⑵ 後面肌群：可彎曲小腿，亦可以展大腿，為屈肌群；由坐骨神經支配。而這兩群肌肉彼此協同合作，在各種膝關節之伸直與彎曲的活動與不同的速度中，此兩群肌肉有一定比例的貢獻，若此比例不正常，例如大腿後肌太強或太緊，便會造成髕股骨關節間壓力上升，引起疼痛。此外，膝關節受傷造成膝腫脹，以致引起大腿前方的股四頭肌太弱，也會引起相同的結果 [18]。

對於髕骨而言，其位於股四頭肌末端，其運動受力可分為主動及被動兩種作用力。主動作用力包含股四頭肌：股直肌、股外側肌、股內側肌及股中間肌；而被動作用力包括：髕骨韌帶、外膝支持帶及內膝支持帶等軟組織，這些都被認為是穩定髕骨的重要因素（圖4-15）[19]。

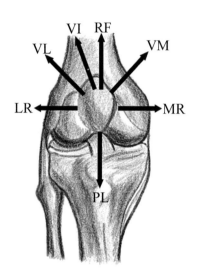

圖 4-15　主動作用力包含股四頭肌：股直肌（RF）、股外側肌（VL）、股內側肌（VM）及股中間肌（VI）；而被動作用力包括：髕骨韌帶（PL）、外膝支持帶（LR）及內膝支持帶（MR）。

4.8 膝關節生物力學

1. 脛股骨關節之運動學

膝關節的主要運動為在矢狀面上的屈曲及伸展（圖 4-16），除此之外，仍有部分的內外旋轉，內外翻以及前後側與內外側的位移。同時，膝關節步態活動過程中屈曲為最大的動作，其彎曲角度約為 57°～71°。最大內外旋轉角度約為 8.2°～19°。最大內外翻動角

度約爲 5.2°～13.4°。股骨相對於脛骨向後滑動約 7 mm 至 15.6 mm
[20]。

由於受後十字韌帶及關節幾何作用影響，膝關節自完全伸直至屈曲
時包含兩個主要階段：單獨滾動及同時滾動和滑動，此外股骨的
旋轉軸也會隨著屈曲角度而改變，但股骨上髁軸線仍被視爲關節屈
曲／伸直的旋轉軸。當膝關節由伸直至屈曲 20° 時，股骨開始漸漸
向後滾動。當彎曲超過 30° 時，滾動與滑動則同時產生。股骨向後
滑動時，內外側髁的滑動距離並不相同。內側髁的接觸點幾乎在原
地，而外側髁隨彎曲角度增加向後滾動距離增加。由於此滾動的距
離差異，當膝關節彎曲時，脛骨相對於股骨產生部分內旋；相反
的，當膝關節伸直時，脛骨則相對於股骨產生外旋動作，對此現象
又稱之螺旋機制 [21]。

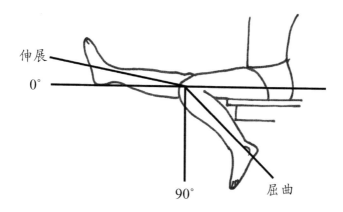

圖 4-16　膝關節之活動示意圖

2. 脛股骨關節動力學

在步態運動下的動力學方面，關節面的最大軸向作用力約爲 2.3～
7.1 倍體重，前後方面受力約 0.35～2.3 倍體重，內外側方面受力

較少約爲 0.13～1 倍體重。同時，在步態週期中，膝關節關節面力量的分布有由脛骨外側內移至內側的傾向，當腳著地末期關節力達到最高時，負荷大部分分布在脛骨面的內側，而當擺動期關節力最低時，重量的分布則偏在外側。膝關節彎曲的扭轉力矩約接近 30 Nm，內外翻的力矩約爲 24～45 Nm。步態下的內外旋扭力矩約爲 8.2～17 Nm。除了正常步態情況下，若膝關節於快步行走，上下樓梯或是舉重物時，其膝關節的受力則明顯的增加。以上下樓梯爲例，下樓相較於上樓關節的受力彎矩大。上樓梯時其彎曲力矩、內外旋轉、內外翻的彎矩分別爲 57.1 Nm、7.8 Nm 和 39.4 Nm；下樓梯時其彎曲力矩較大，分別爲 146.6 Nm、15.5 Nm 和 59.5 Nm[22]。

3. 髕骨生物力學功能

近來許多關於髕股骨關節的生物力學研究都證實髕骨扮演一個複雜的槓桿系統，它不僅提供股四頭肌有效力臂，亦是扮演一個平衡支點的角色，即改變股四頭肌長度及髕骨韌帶力矩力臂來平衡膝關節伸直時的髕股骨關節間的力量分布。膝關節的伸展運動是屬於費力的作功形態，藉由股四頭肌的短收縮，即可讓遠端的足部產生較大的位移，然而，股四頭肌的力量需大於小腿的重量才得以完成伸展的動作。在膝關節伸展時，髕骨能增加股四頭肌的力臂，有效協助伸展，其力臂長度隨膝關節的位置而異，當膝關節完全彎曲時，股四頭肌的有效力臂爲全長的 10%，但當膝關節開始伸直時，髕骨離開股骨髁的滑車槽而往上移，使股四頭肌的力臂急驟增加，當膝關節彎曲 45°，力臂約增加 30%，繼續再伸展時，力臂稍微減少，而當由 45° 至完全伸直（0°），股四頭肌必須付出較大的力量以維持等量的力矩，特別在膝關節伸展的最後 15° 時，股四頭肌的肌力

需增加約 60% 才能完成最後的伸展運動 [23]。

4. 髕股骨關節運動學

膝關節從伸直到彎曲的過程中，髕骨向下滑動約 7 公分，當膝關節由伸直到彎曲 90° 時，髕骨面和股骨髁的面完全接觸，而當彎曲超過 90° 時，由於髕骨開始外轉，只剩下髕骨關節面的內半部和股骨髁間的內側關節面接觸，最後當膝關節整個彎曲時（約 140°），髕骨就會陷入股骨髁的骨內溝，此時二者僅以很小的垂直於軟骨面相互接觸（圖 4-17），此接觸面稱為奇小面，奇小面因其接觸面積小，故局部應力較大，也因此髕骨軟骨軟化症或髕股骨關節疼痛症候群常發生於此處 [24]。

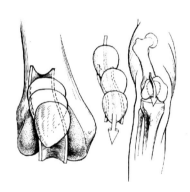

圖 4-17　髕股骨關節的接觸軌跡，在不同彎曲角度時，髕骨與股骨的接觸情形。

5. 髕股骨關節動力學

膝關節的運動形態是髕股骨關節動力學表現的重要因素，尤其是關節反作用力大小受到相當大的關注，若持續受到過大的負荷，將可能造成髕骨軟骨磨損引發疼痛發炎。膝關節的彎曲角度會改變髕骨韌帶與股四頭肌的夾角並直接影響到髕股骨關節的反作用力，我們

從力學的自由體圖來分析比較膝關節彎曲 35° 與 80° 時髕股骨關節反作用力的大小（圖4-18），若已知髕骨韌帶（P）與股四頭肌（Q）的力量與夾角，依幾何三角原理即可得出髕股骨關節受力（J），在力量不變的假設下，彎曲角度愈大，受力也會隨之增加。

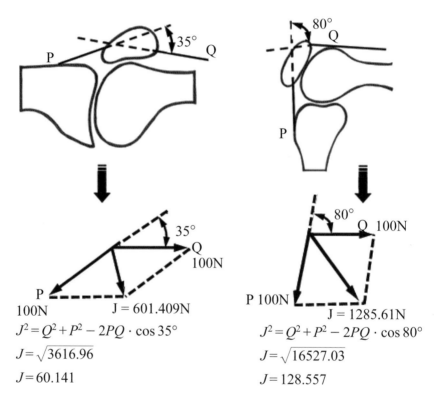

$$J^2 = Q^2 + P^2 - 2PQ \cdot \cos 35°$$
$$J = \sqrt{3616.96}$$
$$J = 60.141$$

$$J^2 = Q^2 + P^2 - 2PQ \cdot \cos 80°$$
$$J = \sqrt{16527.03}$$
$$J = 128.557$$

圖 4-18　膝關節彎曲 35° 與 80° 時，髕股骨關節反作用力之比較。

踝關節

踝關節（ankle joint）是人類足部與腿相連的部位，為主要的承重關節之一。踝關節由脛骨與腓骨下端的關節面與距骨滑車所構成，外形類似

於鞍狀關節，其主要動作模式爲沿通過橫貫距骨體的冠狀軸做背屈及蹠屈
運動。

4.9 踝關節之骨骼解剖與關節組成

　　踝關節由遠端脛骨、遠端腓骨和距骨三部分所構成（圖 4-19）。其中
相互分別構成內踝、後踝關節面與外踝關節面。由內踝、外踝和脛骨下端
關節面構成踝穴，騎跨在距骨滑車上。後踝實際上是遠端脛骨後緣 [25]。

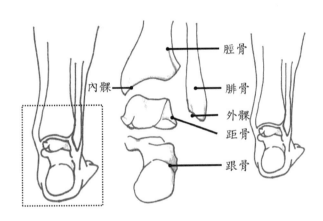

圖 4-19　踝關節後視解剖圖

1. 遠端脛骨（tibia）

該處擴大並呈四邊形，其末端稱之爲平臺，即遠端脛骨關節面。內
側面向下延伸，形成一鈍錐狀突起，稱爲內踝。內踝的關節軟骨與
遠端脛骨關節面的軟骨相連。遠端脛骨的外側面整一切跡，稱之爲
腓切跡，容納遠端腓骨。其粗糙的凹陷面爲脛腓韌帶連接附著處。
遠端脛骨關節面自前向後凹成弧形，在矢狀面上後緣形成一骨性凸
起，稱脛骨後踝。遠端脛骨關節面的中央有一前後向隆起的骨脊，
此特徵將該關節面分爲內、外兩側：內側較深而窄，外面較寬且淺。

該骨脊與距骨滑車上關節面中凹陷處相對應。

2. 遠端腓骨（fibula）

該骨本身呈三稜柱狀，遠端腓骨向下形成外踝，構成踝關節窩的外側壁，對維持踝關節的穩定性有重要作用，其主要功能有防止距骨的外移。外踝略呈三角形，靠近端處則有凹陷狀，是下脛腓聯合韌帶與距腓後韌帶的起點。外髁尖端比內踝尖端略低且後偏。外踝內側面與距骨外側形成關節面 [26]。

3. 距骨（talus）

位於遠端脛骨、遠端腓骨與跟骨之間的踝穴內。其上方車關節面與遠端脛骨形成踝關節，外側的三角形關節面與外踝構成關節，內側的半月形關節面與內踝構成關節。距骨體前方較寬，後方略窄，踝關節背伸時，距骨體與踝穴適應性好，踝關節較穩定；跖屈時，距骨體與踝穴的間隙增大，因而活動度亦大，使踝關節相對不穩定，這是踝關節在跖屈位容易發生骨折的解剖因素。有人將距骨在踝關節內的屈伸活動比喻為圓錐體在踝穴內滾動，此圓錐體底面朝向外側，頂面朝向內側，足跖屈時內旋，背伸時外旋。

4.10 踝關節之韌帶組成

1. 脛側副韌帶（圖 4-20 (a)）

又稱三角韌帶，是踝關節內側唯一的韌帶，又是踝關節諸韌帶中堅強的韌帶，對防止踝關節外翻起到重要的作用。它起自內踝，呈扇形向下，止於舟骨、距骨和跟骨。根據其纖維走向及止點的不同，可以分為以下三束韌帶：脛舟韌帶、距脛前韌帶、距脛後韌帶。它與距腓後韌帶的起點相近，均緊靠關節軸，在運動時，該韌帶維持緊張狀態。

2. 外側副韌帶（圖 4-20 (b)）

該韌帶起自外踝，分為三股纖維止於距骨前外側、跟骨外側和距骨後方。因這三束纖維較為明顯，故分別命名為距腓後韌帶、跟腓韌帶和距腓前韌帶。

3. 脛腓橫韌帶（圖 4-20 (b)）

該韌帶有兩條，分別於脛腓骨下端的前方和後方將兩骨下端緊緊連接起來。其作用在前後方加深踝穴，以保證踝關節的穩定防止關節前脫位 [27]。

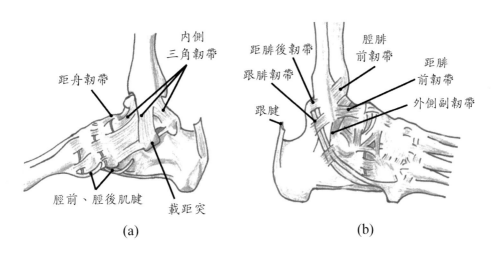

(a)　　　　　　　　　　　　　　　(b)

圖 4-20　踝關節韌帶示意圖：(a) 內側踝關節；(b) 外側踝關節。

4.11 踝關節之活動幅度

踝關節運動之方式是由距骨滑車關節面的形狀所決定的，可以做背伸和跖屈運動。足尖向上，足與小腿間的角度小於 90° 叫背伸；反之，足尖向下，足與小腿間的角度大於直角叫做跖屈。在跖屈時還可以有些許的旋轉、內收、外展與側向運動（圖 4-21）。正常運動中，踝關節矢狀面上的總活動幅度約有 45°，但個體差異和年齡差別均很大。在總活動幅度中背

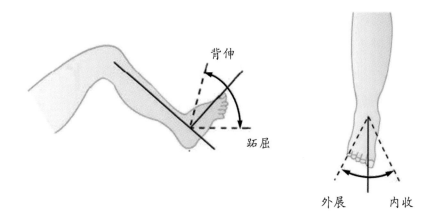

圖 4-21　踝關節之活動示意圖

屈占 20°～30°，其餘的 30°～50° 爲跖屈，有 10° 的個體差異，當這些運動到盡頭時踝關節運動中有跗橫關節等參與活動。踝關節的縱向旋轉使腳底向內側翻，其範圍約 52°，轉向下外側時爲 25°～30°。而沿足垂直面運動爲內收，外展則約爲 35°～45°，但它與距下關節等其他周邊關節活動有關。同時，內收必然伴有仰轉和些許的跖屈，而外展時則伴隨向下外側與背屈運動產生外側位移，形成所謂的複合運動 [28-29]。

4.12 踝關節之生物力學

1. 踝關節之靜力學

髁關節的靜力學研究對了解距上關節在日常活動時的負載大小，以及推算作用於人工踝關節上的負載大小均甚爲重要。當雙腳站立時，每側距骨上關節承擔 1/2 體重，此時可用簡化靜力平衡公式計算跟腱的收縮力，進而計算出踝關節的反作用力。如圖 4-22 所示，當一個人用右腳站立時，其主要的作用力爲：(1) 重力 W，其大小、方向、作用力線和作用點設爲已知；(2) 跟腱力 A，爲保持踝關節

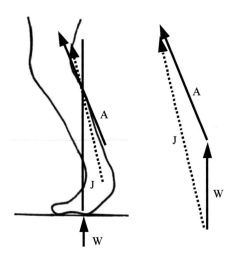

圖 4-22　經由踝關節靜力平衡圖中，在體重為 1 BW 條件下，可解得髁關節力 J
為 2.1 BW，跟腱力 A 為 1.28 BW。

跖屈姿勢，設該力方向、作用力線、作用點為已知，但未知力的大
小；(3) 關節反作用力 J，為在距骨圓頂上的作用點，設該力施力
點為已知，但大小、方向、作用力線為未知。由以上條件便可繪出
靜力平衡圖，再以三角形圖解，即可計算出跟腱力 A 約 1.2 BW、
關節反作用力為 2.1 BW。

2. 踝關節之運動學

踝關節與足部的一系列關節加上膝關節的旋轉軸構成了一個有三個
自由度的關節，使足部在任何位置可適應不同的不平整的路面行
走。踝關節為屈戌（滑車）關節，運動軸橫貫在距骨上。同時，從
側向觀察踝關節的運動軌跡不是圓柱形，而是圓錐體的一部分。所
以當踝關節做屈伸動作時，腓側的運動範圍較脛側長，並伴有水平
方向上的旋轉動作。當背伸時伴有水平方向的內旋。踝關節在矢狀
面屈伸時的運動軸也不是水平的，運動軸脛骨幹縱軸交角約 65°～

85°。

踝關節的跖屈／背伸運動範圍主要依賴於關節面輪廓的長度（圖4-23），脛骨表面的圓弧度約為 70°，而距骨圓弧形滑車面的弧角約為 140°～150°。因此，從跖屈到背伸的全部範圍為 70°～80°，而跖屈運動範圍比背伸的運動範圍要更大一些。踝關節的背屈活動與跖屈活動，均由脛腓骨的遠端頭部與距骨關節表面和切跡，並繞距骨頭旋轉。正常踝關節自完全背屈到完全跖屈時，關節表面活動的瞬時施轉中心軌跡，在距骨上會發生變化（圖4-24）。

正常的步行時踝關節的活動，後跟著地時，踝關節處於輕度跖屈

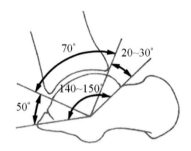

圖 4-23　脛骨與距骨上關節之活動示意圖

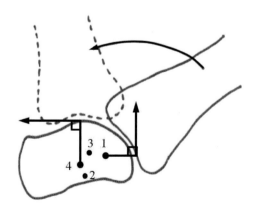

圖 4-24　正常踝關節活動的瞬時旋轉中心軌跡

位，然後跖屈繼續增加至足放平。在站立中期身體越過負重足時迅速轉爲背屈，在站立末期後跟離地時再次跖屈，擺動初期足趾離地時踝跖屈，擺動中期時又變爲背屈，而在後跟著地時再轉爲輕度跖屈。後跟著地時的跖屈角度取決於鞋跟的高度 [30]。

3. 踝關節之動力學

踝關節的動力學研究對了解正當和病變距上關節在正常活動時的載荷大小，以及推算作用於踝關節植入物上的載荷大小均爲甚重要 [31]。踝關節—距上關節力的簡化和計算：行走時距上關節力（F），由肌肉力（M）、重力（G）和慣性力三者合成。在行走過程中，可根據平面一般力系的平衡條件，求出踝關節力的大小。而慣性力是由動力學的基礎——牛頓定律 F = ma 求得，式中的 m 爲人體質量，a 爲行走加速度。地面反力 R 是由重力 G 形成的。於是根據人行走時的瞬間動作，可以坐標 x、y 方向及力矩方程式如下：

$\sum Fy = 0$

$Fy\text{-}R\text{-}M \cdot \cos\beta = 0$

$\sum Fx = 0$

$Fx \cdot R \cdot \tan\alpha - M \cdot \sin\beta = 0$

$\sum M = 0$

$M \cdot a\text{-}(R/\cos\alpha) \cdot b = 0$

上式中，$F = (F_x^2 + F_y^2)1/2$，α、β 爲肌力和地面反力夾角，a、b 爲肌力力臂長，由此解得上述方程式，可逐一求出 F_x、F_y、M 等力（圖4-25）。

4.13 踝關節的穩定性

踝關節的穩定性因素：骨、韌帶、肌力及重力等。大多數踝關節周圍的韌帶方向均向下及後行，均有阻止距骨後移增加的作用。同時，在踝部韌帶及骨有對抗肌力與重力的作用，可以阻止小腿骨的移位 [32-33]。

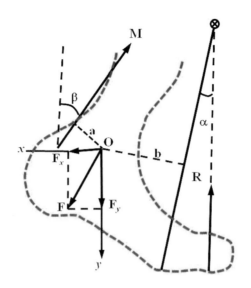

圖 4-25　行走時距上關節受力圖

1. 前後向之穩定性 [34-35]

踝關節前後向穩定性及關節面之間的聯合是由距骨的形態來維持，側副韌帶在關節結構完整的情況下，聯合肌肉的動力以協助維持關節面的對合。而在進行跖屈 / 背伸活動時，主要會受到骨骼外形、關節囊和韌帶、肌肉等因素所影響，進而限制其活動度與運動範圍。大多數踝關節周圍的韌帶方向均向下及後行，均有阻止距骨後移增加的作用。當跖屈或背伸超過正常範圍時，限制因素必然受損。例如：當踝關節過伸時，關節可能向後脫位，同時伴有部分或全部關節囊和韌帶等軟組織撕裂，或後踝骨折等病症。

(1) 背屈時的穩定性：跖屈大於背屈。背屈的控制因素有骨、韌帶及肌肉。背屈時距骨頸上面與脛骨遠端關節前唇接觸，關節囊後部拉緊，後側韌帶及肌肉緊張，阻止踝進一步的背屈。

(2) 跖屈時的穩定性：跖屈時，距骨後結節，接觸後唇，阻止跖

屈過度。前關節囊及側副韌帶前部分亦有阻止作用。距骨在踝穴中，脛骨前後唇阻止距骨前後移動和過度屈伸。

2. 水平向之穩定性 [36-37]

踝關節本身是屬於僅一個自由度的特殊結構，故其不能繞其他兩個空間軸運動。踝關節的橫向穩定性依賴於關節面之間的緊密內鎖，牢牢榫接在脛、腓骨之間。如果外踝和內踝的距離沒有改變，兩踝就像一把鉗子將距骨的兩側緊緊鉗制住，此現象可稱之爲「踝骨鉗」。只有當踝的與脛腓下韌帶保持完整時，兩踝的距離才能保持不變。此外，強而有力的側副韌帶亦阻止了距骨沿其長軸的任何滾動。如果距骨在水平方向產生明顯位移，恐將會導致內、外髁或內、外側副韌帶的損傷。

📖 參考文獻

1. 原著 John J. Gartland, 編譯賴祐平：基礎骨科學 (Fundamentals of Orthopaedics) Ch.14, 1994.

2. Wei HW, Sun SS, Jao SE, Yeh CR, Cheng CK. The influence of mechanical properties of subchondral plate, femoral head and neck on dynamic stress distribution of the articular cartilage. Medical Engineering & Physics. 2005; 27: 295-304.

3. Sun SS, Ma HL, Liu CL, Huang CH, Cheng CK, Wei HW. Difference in femoral head and neck material properties between osteoarthritis and osteoporosis. Clin Biomech. 2008; 23 Suppl 1: S39-47.

4. Boyd SK, Muller R, Zernicke RF. Mechanical and architectural bone adaptation in early stage experimental osteoarthritis. J Bone Miner Res. 2002; 17(4): 687-94.

5. Dretakis EK, Steriopoulos KA, Kontakis GM. Cervical hip fractures do not occur in arthrotic joints. A clinicoradiographic study of 256 patients. Acta Orthop Scand. 1998; 69(4): 384-386.

6. Margareta Nordin, et al. eds. Basic Biomechanics of the Musculoskeletal System. 2nd ed. Lea & Febiger; 1989.

7. Duda GN, Schneider E, Chao YS. Internal forces and moments in the femur during walking. J Biomechanics. 1997; 30(9): 933-941.

8. Bergman G, Graichen F, Rohlmann A. Hip joint loading during walking and running measured in two patients. J Biomechanics. 1993; 26(8): 969-990.

9. Bergmann G. Hip98-loading of the hip joint. Berlin: Freie Universitat; 2001.

10. Paul JP. Forces transmitted by joints in the human body. Proc R Soc Lond B Biol Sci. 1976 ; 192(1107): 163-72.

11. Van den Bogert AJ, Read L, Nigg BM. An analysis of hip joint loading during walking, running, and skiing. Med Sci Sports Exerc. 1999; 31(1): 131-42.

12. Li B, Aspden RM. Material properties of bone from the femoral neck and calcar femorale of patients with osteoporosis or osteoarthritis. Osteoporos Int. 1997; 7(5): 450-6.

13. Lotz JC, Cheal EJ, Hayes WC. Stress distributions within the proximal femur during gait and falls: implications for osteoporotic fracture. Osteoporos Int. 1995; 5(4): 252-61.

14. 鄭誠功、黃昌弘、魏鴻文、張宗維：膝關節的生物力學性能簡介（上），中華骨科雜誌，Vol.26, No.12, pp. 862-864, 2006.

15. 鄭誠功、黃昌弘、魏鴻文、張宗維：膝關節的生物力學性能簡介（下），中華骨科雜誌，Vol.27, No.1, pp. 74-76, 2007.

16. Seireg A, Arvikar. The prediction of muscular load sharing and joint forces in the lower extremities during walking. J Biomech. 1975; 8(2): 89-102.

17. Kaufer H. Patellar biomechanics. Clin Orthop Relat Res. 1979; 144: 51-4.

18. Reilly DT, Martens M. Experimental analysis of the quadriceps muscle force and patello-femoral joint reaction force for various activities. Acta Orthop Scand. 1972; 43(2): 126-37.

19. Hungerford DS, Barry M. Biomechanics of the patellofemoral joint. Clin Orthop Relat Res. 1979; 144: 9-15.

20. Shiavi R, Limbird T, Frazer M, Stivers K, Strauss A, Abramovitz J. Helical motion analysis of the knee-II. Kinematics of uninjured and injured knees during walking and pivoting. J Biomech. 1987; 20(7): 653-65.

21. Palastanga N, Field D, Soames R. Anatomy and Human Movement Structure and Function. 2nd ed. Oxford (UK), Butterworth-Heinemann; 1994.

22. 韓毅雄：骨骼肌肉系統之生物力學，華杏出版社，1983。

23. Goodfellow J, Hungerford DS, Zindel M. Patello-femoral joint mechanics and pathology. 1. Functional anatomy of the patello-femoral joint. T J Bone Joint Surg Br. 1976; 58(3): 287-90.

24. Grelsamer RP, Weinstein CH. Applied biomechanics of the patella. Clin Orthop Relat Res. 2001; 389: 9-14.

25. Frankel VH, Nordin M. Basic Biomechanics of the Skeletal System. New York : Lea & Febiger; 1989.

26. Jones RB, Ishikawa SN, Richardson EG, Murphy GA. Effect of distal fibular resection on ankle laxity. Foot Ankle Int. 2001; 22(7): 590-3.

27. Grass R, Rammelt S, Biewener A, Zwipp H. Peroneus longus ligamentoplasty for chronic instability of the distal tibiofibular syndesmosis. Foot Ankle Int. 2003; 24(5): 392-7.

28. Beumer A, Valstar ER, Garling EH, Niesing R, Ranstam J, Lofvenberg

R, Swierstra BA. Kinematics of the distal tibiofibular syndesmosis: radiostereometry in 11 normal ankles. Acta Orthop Scand. 2003; 74(3): 337-43.

29. Kapandji A, Honore LH. The Physiology of the Joints. New York: Churchill-Livingstone; 1974.

30. Michelson JD, Hamel AJ, Buczek FL, Sharkey NA. Kinematic behavior of the ankle following malleolar fracture repair in a high-fidelity cadaver model. J Bone Joint Surg Am. 2002; 84-A(11): 2029-38.

31. Lee MS, Hofbauer MH. Evaluation and management of lateral ankle injuries. Clin Podiatr Med Surg. 1999; 16(4): 659-78.

32. Leardini A, O'Connor JJ, Catani F, Giannini S. The role of the passive structures in the mobility and stability of the human ankle joint: a literature review. Foot Ankle Int. 2000; 21(7): 602-15.

33. Lee MS, Hofbauer MH. Evaluation and management of lateral ankle injuries. Clin Podiatr Med Surg. 1999; 16(4): 659-78.

34. Thornes B, Walsh A, Hislop M, Murray P, O'Brien M. Suture-endobutton fixation of ankle tibio-fibular diastasis: a cadaver study. Foot Ankle Int. 2003; 24(2): 142-6.

35. Tochigi Y, Takahashi K, Yamagata M, Tamaki T. Influence of the interosseous talocalcaneal ligament injury on stability of the ankle-subtalar joint complex-- a cadaveric experimental study. Foot Ankle Int. 2000; 21(6): 486-91.

36. Tornetta P. Competence of the deltoid ligament in bimalleolar ankle fractures after medial malleolar fixation. J Bone Joint Surg Am. 2000; 82(6): 843-8.

37. Wilson FC. Fractures of the ankle: pathogenesis and treatment. J South Orthop Assoc. 2000; 9(2): 105-115.

第五章　上肢關節解剖與生物力學

肩關節

　　肩關節，是上肢運動的重要關節之一，也是人體中活動度最大的複合式關節。廣泛的來說，肩關節是由胸鎖關節、肩鎖關節與盂肱關節所構成。同時，藉由肩胛胸關節與肩峰下關節彼此協調，同時搭配肩關節旋轉肌群和喙突肩峰弓之間的互動模式，以完成肩關節各種複雜的功能活動。

5.1 肩關節之骨骼解剖與關節組成

　　肩關節包括由鎖骨、肩胛骨和近端肱骨（圖 5-1）通過韌帶、關節囊和肌肉相互連接而形成的四個關節：盂肱關節、肩鎖關節、胸鎖關節和肩胛胸壁關節。肩部關節的運動比較複雜。各關節既有單獨運動，又有相互之間的協同運動。而肩肱關節是人體中活動範圍最大，最靈活的關節 [1]。

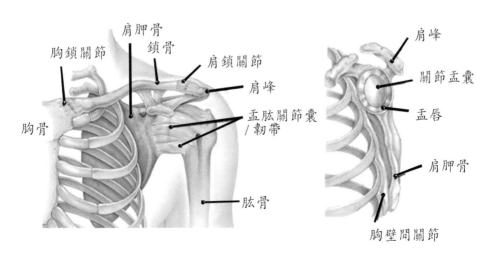

圖 5-1　肩關節前視解剖圖

1. 鎖骨（clavicle）

位於胸廓前上方，位頸部和胸部交界處，全長於皮下均可摸到，是
重要的骨性標誌。鎖骨上面光滑，下面粗糙，形似長骨，但無骨髓
腔，可區分爲一體兩端。中間部分是鎖骨體，內側 2/3 凸向前，外
側 1/3 凸向後。呈「～」形的骨頭。鎖骨支持肩胛骨，使上肢骨與
胸廓保持一定距離，利於上肢的靈活運動。由於位置表淺，鎖骨易
骨折，並多見於鎖骨中外、1/3 交界處。

2. 肩胛骨（scapula）

位於胸廓的後面，是三角形扁骨，介於第 2～7 肋之間。肩胛的外
側扁平，稱肩峰。外側角肥厚，有梨形關節面，稱關節盂。上角
和下角位於內側緣的上端和下端，分別平對第 2 肋和第 7 肋。可作
爲計數肋的標誌。內側緣長而薄，對向脊柱。外側緣肥厚，對向腋
窩。上緣最短，在靠近外側角處，有一彎向前外方的指狀凸起，稱
喙突，略作三角形。

3. 肱骨（humerus）

位於上臂，爲典型的長骨，可分爲一體二端，於近端有半球形的肱
骨頭朝內上，與肩胛骨的關節盂組成肩關節。在肱骨頭的外側和前
方各有隆起，分別稱爲大結節和小結節。大結節上有棘上肌、棘下
肌和小圓肌依著。小結節則標示著胸大肌和肩胛下肌。兩個結節之
間有一溝，結節間溝，有肱二頭肌的長頭肌腱通過。下端與體交界
處稍細，稱外科頸，爲較易發生骨折的部位。

4. 肩肱關節（glenohumeral joint）

盂肱關節是人體運動範圍最大而又最靈活的關節，它可做前屈、後
伸、內收、外展、內旋、外旋以及環轉等運動，結構上的特點雖然
保證了它的靈活性，但它的牢固穩定性都較其他關節爲差，是全身

大關節中結構最不穩固的關節。基本上它是一個球窩關節，但關節面實際上幾乎無法提供穩定關節的作用。尤其是肩盂腔及肱骨頭之間不相配的大小，導致其先天上的不穩定狀態。二者的曲面半徑只有小於 2 釐米的差別。在肩膀旋轉時，不管在哪一個位置，總是約只有三分之一的肱骨頭被肩盂所覆蓋 [2]。

5. 肩鎖關節（acromioclavicular joint）

由肩胛骨肩峰關節面與鎖骨肩峰端關節面構成。關節囊較鬆弛，附著於關節面的周緣。另有連接於肩胛骨喙突與鎖骨下面的喙鎖韌帶（斜方韌帶、錐狀韌帶）加固。肩鎖關節屬平面關節，可做各方向的微動運動。

6. 胸鎖關節（sternoclavicular joint）

由鎖骨的胸骨關節面與胸骨柄的鎖骨切跡及第 1 肋軟骨的上面共同構成。關節囊附著於關節的周圍，前後面較薄，上下面略厚，周圍有韌帶增強。關節面略呈鞍狀，關節腔內有一近似圓形的關節盤，將關節腔分為內下和外上兩部分。胸鎖關節可做各個方向的微動運動，體現為鎖骨外側端的上提、下降和前後運動，此外，尚能做輕微的旋轉運動。

7. 肩胛胸壁關節（sternoclavicular joint）

由肩胛骨與胸壁所連接之關節，屬於滑動關節，內有一個完整的關節內盤。在肩前舉時，此關節可旋轉 30° 左右。它也是肩部到胸廓的連結點，對於肩部活動有加成作用。在肩外抬過程當中，肩關節與肩胛胸廓關節的程度約為 2：1。

5.2 肩關節之韌帶組成

肩關節的韌帶主要有喙肩韌帶、盂肱韌帶、喙肱韌帶及喙鎖韌帶（圖 5-2）[3]。

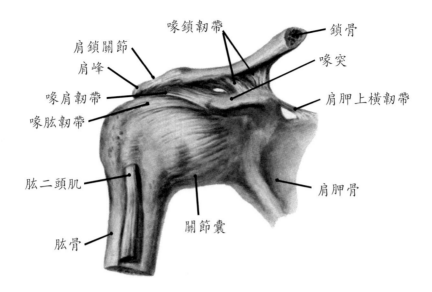

圖 5-2　肩關節前視解剖圖

1. 喙肩韌帶（coracoacromial ligament）

上臂抬高時，肱骨大結節位於喙肩弓（喙肩韌帶與肩峰）的下部，成爲肱骨頭外展的支點，切除此韌帶後對肩關節活動影響不大。

2. 盂肱韌帶（glenohumeral ligament）

位於關節囊的內面，有約束肩肱關節外旋的作用。其中以肱中韌帶最爲重要，如該韌帶缺損，則關節囊的前壁薄弱而易產生關節脫位。

3. 喙肱韌帶（coracohumeral ligament）

該韌帶爲懸吊肱骨頭的韌帶。肱骨外旋時韌帶纖維伸展，有約束肱骨外旋的作用。肱骨內旋時韌帶纖維短縮，有阻止肱骨頭脫位的作用。

4. 喙鎖韌帶（coracoclavicular ligament）

該韌帶可分爲斜方韌帶及錐狀韌帶。當鎖骨旋轉活動時，此韌帶延

長，上肢外展時，有適應肩鎖關節 20° 活動範圍的功能，故喙鎖韌
帶是穩定肩鎖關節的重要結構。

5.3 肩關節之運動範圍

　　肩關節的運動比較復雜，各關節既有單獨運動，又有相互間的協同運
動，肩部關節有內收、外展、前屈、後伸與內外旋等動作，以及由這些運
動綜合而成的環轉運動 [4-5]。肩部各關節在運動時形成一個完整的統一
體，如圖 5-3 所示。

　　肩關節的運動：整個肩胛帶的活動範圍超過了人體上其他任何一個
關節的活動度，上肢可外展上舉近 180°；內、外旋活動範圍加起來超過
150°；圍繞水平運動軸的前屈及後伸活動範圍加起來接近 170°。這麼大
的運動範圍是發生在胸鎖關節、肩鎖關節、盂肱關節及肩胛骨胸壁關節的
運動範圍所綜合在一起達到的。

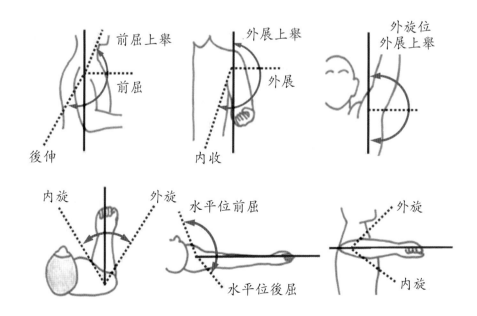

圖 5-3　肩關節之活動示意圖

1. 靜止位

肩胛骨的靜止位是相對軀幹的冠狀面向前旋轉30°。另外從後方看，肩胛骨長軸相對於軀幹的長軸向上方旋轉 3°。最後，從側方看，肩胛骨靜止時相對於軀幹的冠狀面前屈 20°。肱骨頭靜止時位於肩盂的中心。肱骨頭及肱骨幹均位於肩胛骨平面內。肱骨頭關節面相對於肱骨幹有 30° 的後傾。

2. 前屈與後伸活動

前屈是自靜止位開始，遠端肱骨沿身體的矢狀面向前抬起，其範圍一般超過 90°。盂肱關節的前屈活動伴有鎖骨外側段的升高，軸向向後旋轉，肩胛骨冠狀面的向外旋轉和矢狀面上沿胸壁向前滑動。後伸是自靜止位開始，遠端肱骨沿身體的矢狀面向後抬起，其範圍一般約 45°。盂肱關節後伸時，鎖骨外側段相對下降，肩胛骨向中線靠攏並伴有冠狀面的內旋運動。

3. 外展與內收活動

外展是以盂肱關節為中心，上肢沿冠狀面自靜止位開始向兩側運動並側舉，在上肢內旋時，肩部外展活動範圍不超過 90°；當上肢外旋時，肩部外展活動範可超過 90°，最終並完成肩部上舉動作。內收是以肱骨遠端於冠狀面上，將內側逐漸移向內身體的中線，肩部自靜止位內收活動範圍約 45°。在外展、內收時，肩胛骨同時出現冠狀面的向外上和向內下的旋轉。

4. 上舉與下降活動

上肢在前屈與外展可超過 90° 以上，理論上甚至可以上舉到 180°。肩部的上舉活動包括了盂肱關節的運動，肩胛骨的旋轉、滑動、鎖骨的升高和旋轉活動。單臂的上舉時還包括一定程度的脊柱側彎活動。在上舉的過程中，盂肱關節的活動範圍約為 90°，而肩胛骨的

旋轉角度約為 60°。下降運動為與肩關節上舉運動方向相反，但盂肱關節的下降過程並非為上舉時關節的完成反向。

5. 內旋與外旋活動

旋轉活動是肩關節的另一個重要的運動機制。肩部在內、外旋活動在不同的體位時其活動範圍也有所不同。在上肢靜止位時，屈肘 90°，肩部的內旋一般不少於 90°，外旋則為 90°～95°。當肩部外展 90° 時，肩部內、外旋總和約 120°，其中外旋占 90°。在肩部上舉至最高點時，肩部旋轉活動範圍最小、力量最弱。肩關節的旋轉活動度之所以會有以上的差異，主要是由於盂肱關節在不同位置時，關節囊和各部位韌帶所張力不同，進而影響旋轉活動範圍。

5.4 肩關節之穩定結構

基本上肩關節的穩定性是靠周圍的肌肉與韌帶構造來維持（圖 5-4）。可以分為靜態穩定結構及動態穩定結構 [6-7]。

1. 靜態穩定構造

該結構主要包括關節本身構造、肩盂唇、肩胛骨的傾斜、關節內負壓、肩關節韌帶等因素。

⑴ 關節本身構造：肩關節當中，肱骨頭只有 1/3 被肩盂所覆蓋。如此先天上就使肩關節是一個不穩定的關節。正常的肩盂方向分別是後轉 30° 到 40°。

⑵ 肩盂唇：像一圈堤防，可增加肩盂的深度，藉此二種解剖上的特點，形成一種穩定的結構。

⑶ 關節內負壓：正常的肩關節存在著相對於大氣壓力的負壓，因為周圍的肌肉和韌帶包圍著而形成一個封閉的空間，當施力於肱骨頭面使其離開肩盂時，負壓會越大而出現吸盤效應。

⑷ 肩關節韌帶：主要包括上、中、下肩盂肱骨韌帶，當作靜態穩定結構。這些韌帶及其周圍的關節囊的表面積約為肱骨頭的兩倍，如此才使肩關節可以有正常的活動角度。而且關節囊的特性為在受破壞前，會有相當程度的塑性變形，因此當受到外傷時，總是引起一些程度的鬆弛，如此日積月累，而導致於臨床上出現肩不穩定，甚至是反覆性脫臼。

2. 動態穩定構造

動態穩定結構主要包括肩袖、肱二頭肌及三角肌。肩關節周圍的肌肉在運動過程中收縮產生動態穩定作用，其作用機制體現在以下四個方面：(1) 關節壓迫：經由反壓迫效應而穩定關節。(2) 屏障效應：旋轉軸肌肉收縮時，可形成一個屏障，阻止移位。(3) 二級動態作用：旋轉軸肌肉收縮時會對下面的關節囊產生張力，而加強其動態性限制結構效果。(4) 方向盤效應：在手臂活動時，旋轉軸肌會發生同步加強效果而肌肉依序收縮而有此效果。

盂肱關節之所以有非常大的活動度得利於關節、關節囊和韌帶組織和動態穩定結構之間複雜的相互作用。盂肱韌帶系統主要防止肩關節過度的外旋，其下部的韌帶結構還是防止肩關節向前脫位的最重要結構，肩袖、肱二頭肌和三角肌組成動態穩定結構，這些不同的穩定機制之間通過本體感覺系統相互聯繫共同作用，以提高肩關節的穩定性 [8-9]。

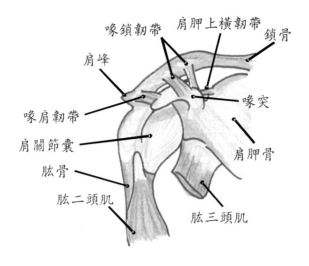

圖 5-4　　肩關節周邊肌肉、韌帶示意圖。

3. 靜態、動態穩定結構之間的相互作用

靜態與動態穩定結構的作用並不是互不相關的。曾有學者已藉由大體試驗研究了兩者之間的關係，之中認為在靜態穩定結構中盂肱韌帶及喙肱韌帶的作用相對更重要一些；而在動態穩定結構中肩袖肌肉和肱二頭肌的作用更重要。當肱骨頭移位較小時，動態穩定結構的作用更重要；而當肱骨頭移位較大時，靜態穩定結構的穩定作用更明顯。關節囊韌帶組織可感知位置、運動以及牽拉，這些信號經由靜態穩定結構通過反射弧傳至動態穩定結構，這被稱為本體感覺。當上臂屈曲 90° 時對其施以向後的力，這時在肌電圖上岡下肌的電位明顯增強 [10]。在人的喙肱韌帶，肩峰下滑囊，關節囊及盂唇組織上都發現了機械活動的感受器。對復發性肩關節前方不穩定的患者在術前，術後六個月、十二個月分別檢測其雙側肩關節的本體感覺水平。結果發現術前患側較健側本體感覺降低，而在術後最終恢復到正常水平。從上述的過去研究中我們可以看出，靜態穩定

結構和動態穩定結構互相之間緊密相關，共同對任何不利於肩關節的運動或移位作出反應。

5.5 肩關節之力學分析

1. 自靜止時開始外展時，上肢在軀幹旁自然下垂，三角肌施力方向與上臂平行，僅有非常小的力（Dt）沿切線方向在外展動作中起作用。主要作用力（Dr）將沿旋轉方向指向肱骨頭幾何中心，該力它能使肱骨頭向上傾移。因此，在開始外展時，三角肌為無效作用，但會使肱骨頭產生向上脫位的傾向；相反的，岡上肌在外展時則處一個最有效作用的位置，其作用力（E）有一個強而有力並有效的分力（Et）沿切線方向作用，甚至沿旋轉方向之分力（Er）指向盂窩，迫使肱骨頭緊貼關節盂，彌補了三角肌向上脫位之傾向（圖 5-5a）。

2. 一旦達到外展 45°～60° 時，上述兩組肌肉的作用發生逆向。岡上肌開始漸縮其外展效率，而三角肌則開始有明顯的作用效果。在三角肌作用力（D'）與肱骨軸間角度變大時，其切線上向的分力（Dt'）逐漸增大，三角肌的作用效率也隨著外展角度的增加（直到 90°）而增大（圖 5-5b）。

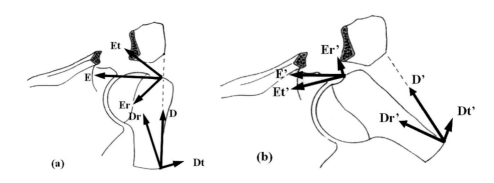

圖 5-5　肩關節作用力示意圖

肘關節

　　肘關節（elbow joint）是僅次於踝關節最爲穩定的關節。肘關節乃由肱骨、橈骨及尺骨組成之單軸型關節，不同於髖、膝及肩等關節，它的運動只有兩度空間之旋轉，也就是只有彎曲伸直及旋轉，並沒有內外翻之動作，至於旋轉動作乃因橈骨之特殊結構，使橈骨沿著尺骨並以肘關節爲支點產生幾近 180° 的旋轉。

5.6 肘關節之骨骼解剖與關節組成

　　肘關節是由遠端肱骨、近端橈骨和近端尺骨所構成的關節（圖 5-6）。實際上包括了三個關節，即肱尺關節、肱橈關節和上橈尺關節。

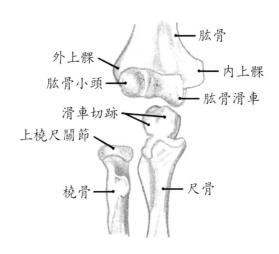

圖 5-6　肘關節之解剖圖

1. 遠端肱骨（humerus）

　　在肘部，肱骨下端扁而寬，向前捲曲，與肱骨幹縱軸形成 30°～50° 的前傾角，其兩端變寬成爲內、外上髁。肱骨下前後徑極爲薄弱，但是內、外髁則很厚，其內以密質骨爲主。肱骨的內、外上髁

分別為前臂的屈肌和伸肌的附著處，故又稱屈肌上髁和伸肌上髁。在上臂遠端的兩側，極易觸及。肱骨下端的滑車與肱骨小頭分別與尺骨的滑車切跡及橈骨頭構成關節。當肘關節完全伸直時，橈骨頭與肱骨頭長軸位於一條直線上。

2. 近端橈骨（radius）

橈骨頭呈圓盤狀，上面凹陷，稱為橈骨小頭凹，與肱骨小頭相接。橈骨小頭周圍有一層軟骨，為橈骨環狀關節面，便於橈骨在尺骨的橈骨切跡上活動。橈骨小頭完全位於肘關節的關節囊以內，周圍無任何韌帶、肌腱附著。當肘關節伸直時，橈骨頭恰好位於外上髁的近側，前臂作旋前和旋後運動時可摸到正在運動的橈骨頭。

3. 近端尺骨（ulna）

尺骨的鷹嘴為前臂的近側端，若屈肘並將肘部置於桌面，則鷹嘴擱於桌面上。沿鷹嘴向遠側可觸及尺骨後緣的全長直到尺骨莖突。在鷹嘴和內上髁之間有一溝，溝內可觸及條索狀的尺神經。尺骨鷹嘴是尺骨最堅硬的部分，尺骨鷹嘴上有肱三頭肌附著，為肘關節的伸直運動提供了有力的運動來源（圖 5-7）。

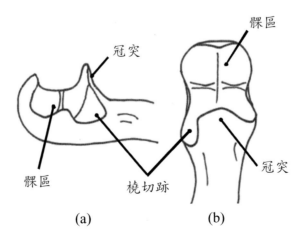

(a)　　　　　　(b)

圖 5-7　近端尺骨示意圖：(a) 側位視圖；(b) 俯位視圖。

其中肱骨滑車與尺骨半月切跡構成肱尺關節（humeroulnar joint），屬於滑車關節，是肘關節中最強有力的部分，可繞額狀軸作屈曲／伸展運動，是肘關節的主體部分；肱骨小頭與橈骨頭凹構成肱橈關節（humeroradial joint），屬球窩關節，可作屈曲／伸展運動和迴旋運動，因受肱尺關節的制約，其外展／內收運動不能進行。橈骨頭環狀關節面與尺骨的橈骨切跡構成橈尺近側關節（proximal radioulnar joint），屬車軸關節，僅能作旋內／旋外運動 [11]。

5.7 肘關節之韌帶組成

關節囊附著於各關節面附近的骨面上，肱骨內、外上髁均位於囊外。關節囊前後鬆弛薄弱，兩側緊張增厚形成側副韌帶。肘關節有三個主要韌帶：內側是尺側副韌帶連接尺骨和肱骨（圖 5-8a），外側是橈側副韌帶連接橈骨和肱骨，另外一條為橈骨環狀韌帶連接尺橈骨（圖 5-8b）[12-13]。

1. 尺側副韌帶（ulnar collateral ligament）

   前束起於肱骨內側髁的前下方，止於尺骨冠突內側的小結節，略呈扇形；前束的纖維在從起點到止點的走行過程中，深層纖維和淺層纖維相互編織；後束起於肱骨內側髁的內下方，止於尺骨鷹嘴內側的骨面，其纖維呈扇形排列；斜束為一緊貼骨面的纖維束，連接前束和後束在尺骨上的止點，有防止肘關節側屈的作用。

2. 橈側副韌帶（radial collateral ligament）

   起於肱骨外側髁的外下方，其纖維部分止於橈骨環狀韌帶，部分止於尺骨冠突的外下方，也呈三角形。

3. 橈骨環狀韌帶（annular ligament of radius）

   位於橈骨頭周圍，附著於尺骨的橈骨切跡的前後緣，此韌帶同切跡一起形成一個漏斗形的骨纖維環，包繞橈骨頭。4 歲以下的幼兒，

橈骨頭發育不全，且環狀韌帶較鬆弛，故當肘關節伸直位牽拉前臂時，易發生橈骨頭半脫位 [14]。

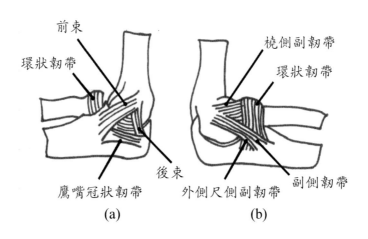

圖 5-8　肘關節韌帶：(a) 內側副韌帶；(b) 外側副韌帶。

5.8 肘關節的運動範圍

肱尺關節、肱橈關節和橈尺近側關節三個單關節被包在一個關節囊內，形成一個關節腔，因而構成了一個複合關節。無論從結構上，還是從功能上講，肱尺關節都是肘關節的主導關節 [15]。肘關節的主要運動形式是屈、伸運動，其次是由橈尺近側關節與橈尺遠側關節聯合運動，完成前臂的旋內、旋外運動（圖 5-9）。肘關節的屈、伸幅度，平均為 135°～140°。

當上臂和前臂的肌肉和軟組織互相接觸時，阻止了肘關節進一步的屈曲，所以肌肉發達者和肥胖者其屈曲程度會有所減少，這可能使自身的手不能放到自己的肩上，這種運動限止秒為肌性限制。瘦弱者由於尺骨的冠突進入肱骨的冠突窩，而終止肘關節的進一步屈曲。在整個屈曲運動弧

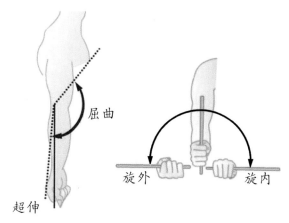

圖 5-9　肘關節之活動示意圖

中，肘關節屈曲 60°～140°，這 80° 是人們用上肢完成一般日常生活和工作所必需的運動範圍，可稱爲肘關節的功能運動弧。肘關節平均伸爲 0°，其伸的運動在尺骨鷹嘴進入肱骨的鷹嘴窩而終止，其運動範圍正常僅有很小的差異。肌肉強健者一般不能過伸，而瘦弱者可能有 5° 或 5° 以上的過伸。

　　橈尺聯結的運動範圍，在前臂處於中間位時，一般認爲旋前和旋後各 90°，但旋前多數人僅爲 80°。在檢查旋前、旋後運動範圍時，肘關節應半屈位，並貼於胸側壁，這樣可以防止肩關節旋轉運動的參與。從旋後位開始整個旋前稍小於 180°。若肘部伸直，由於肩關節內旋和外旋的參與，手掌的旋轉接近 360°。附加運動是指由於肘關節面形態，關節面之間十分適配以及強厚的側副韌帶，因此它的附加運動遠小於肩、腕和指部 [16-17]。

5.9 肘關節生物力學

1. 肘關節之運動學

(1) 肘關節的屈伸活動及旋轉中心：

肘關節屈伸活動的幅度，取決於關節面的角度值和周圍軟組織的制約。角度值指的是參與相對活動的關節面所對應的弧度。肱骨滑車關節面的角度值約為 330°，尺骨滑車切跡關節面的角度值約為 190°，兩者的差額提供大約 140° 的屈伸幅度。肱骨小頭關節面的角度約為 180°，橈骨小頭近端約 40°，其差額同樣也在 140° 左右。這個差值決定了肘關節最大的伸屈幅度，但在日常生活中，30°～130° 的屈伸幅度已能滿足大多數活動所需。同時，由於肱骨和尺骨關節面的特殊幾何形態，在開始屈曲時有 5° 的內旋，屈曲結束時又有 5° 的外旋 [18]。

肱骨滑車和肱骨小頭的關節面輪廓，在矢狀面上接正圓，因此尺橈骨近端在進行屈伸活動時，其旋轉中心與圓弧所在的圓心十分接近，旋轉中心的軌跡分布在 1 釐米直徑內。一般而言，會將此視為一條直線，該直線位於內、外上髁中心連線的前下方 45°～50°，並與水平橫截面有 2.5° 的外翻角（圖 5-10）。

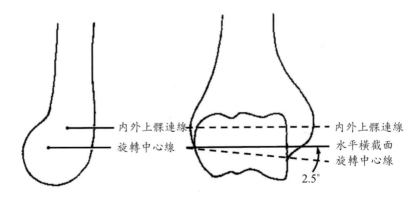

圖 5-10　肘關節旋轉軸位置

⑵ 前臂的旋轉活動：

前臂旋轉活動是圍繞橈骨小頭中心到尺骨遠端關節面旋轉中心
的連線進行的。尺骨遠端關節面的瞬時旋轉中心位於尺骨關節
凹附近，尺骨莖突的橈、掌側，關節面的幾何中心內。正常人
前臂一般能旋內 70°～85°、旋外 75°～90° 活動範圍約爲 175°。
旋轉活動受到方形韌帶約束。

⑶ 提攜角與肘關節屈伸活動的關係：

提攜角有兩種定義，最初其定義爲當肘關節伸直時，肱骨與尺
骨長軸在冠狀面上構成的夾角，正常男性爲 10°～15°，女性爲
20°～25°。提攜角因性別、年紀與體型而有所不同。在該定義中，
提攜角屬一固定值，不因肘關節屈伸而變化。而目前常用的提
攜角是一種運動概念，在肘關節屈伸活動中，以尺骨相對肱骨
的外展、內收角度來表示，爲一變化的值，隨著肘關節屈曲而
變化。當肘屈曲 0° 時提攜角最大，隨著肘關節屈曲此角開始變
小，甚至成爲負值，變化的幅度約爲 18°。提攜角的形成和變化
主要是由於肱骨及尺骨近端的幾何形態決定的。

2. 肘關節之靜力學

肘關節的靜力學研究對了解肘關節在日常生活中，托重大小，以及
推算作用於關節上的負載大小均甚爲重要。雖然肘關節的力來源各
異、方向不同，但依照靜力平衡原理，當肘關節要保持不動，各種
力之總和應爲 0，而力矩總和也應爲 0。如圖 5-11 所示，屈肘 90°
並手持 5 kg 重物（W），重物中心與旋轉中心距爲 30 cm (a)，前臂
及手的重量（G）爲 2.5 kg，重心距肘關節旋轉中心 15 cm (b)、屈
肘肌止點距旋轉中心 5 cm (c)，此時屈肘肘肌力（F）、關節力（J）。
由以上條件，再依照靜力平衡與力矩平衡，即可計算出跟肌力（F）
爲 37.5 kg、關節力（J）爲 30 kg。

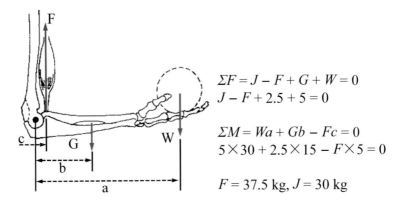

$$\Sigma F = J - F + G + W = 0$$
$$J - F + 2.5 + 5 = 0$$

$$\Sigma M = Wa + Gb - Fc = 0$$
$$5 \times 30 + 2.5 \times 15 - F \times 5 = 0$$

$$F = 37.5 \text{ kg}, \ J = 30 \text{ kg}$$

圖 5-11　肘關節屈曲 90° 且手持重物之靜力分析

3. 肘關節的動力學

肘關節周邊肌肉主要提供動力，依照肘關節之屈伸功能可分為屈肘肌、伸肘肌兩類，其說明如下 [19]。

⑴ 屈肘肌：主要為肱肌、肱二頭肌、橈側腕伸肌和肱橈肌。屈肘肌對前臂的作用力，可分解為旋轉分力和穩定分力。前者與前臂長軸垂直，使前臂產生屈曲動作（圖 5-12）；後者與前臂長軸平行，使肱、尺或肱、橈骨端靠攏而起穩定肘關節的作用。顯然，屈肘肌的功能還與該肌作用力線與旋轉中心的垂直距離即力矩臂長有關（圖 5-13）。肘關節伸直時，力矩臂長最小；肘屈曲到 90° 左右時，力矩臂長最長；屈曲再增加，力矩臂長又漸減少。當肌肉用同等力收縮時，力矩臂長越小，機械效率越低；但當肌肉作用力長度縮短時，小的力矩臂卻可以獲得大的角度改變，即手的位移大、速度快。

⑵ 伸肘肌：主要為肱三頭肌，還有尺側腕伸肌和肘後肌。肱三頭肌的功能與肘關節的屈曲度有關，其肌力可分為較小的離心（向心）分力與較大的切向分力。屈曲 0° 時，前者使尺骨有向後脫

位傾向，後者始有伸肘作用。屈曲 20°～30° 時，前者爲 0 N，後者等於肌力，此時爲肱三頭肌機械效率最大的位置。之後隨著屈曲角度增加，切向分力漸小，而離心分力漸轉向爲向心分力並漸增，此時後者對肘關節有穩定作用（圖 5-14）。

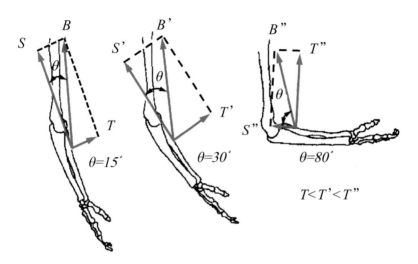

肱二頭肌（B）爲 10 kg，肌內力線與前臂長軸交角（θ）爲 15° 時，旋轉分力 T = 10×sin15°= 2.58 kg；θ 爲 30° 與 80° 時，T′ 與 T″ 分別爲 5.00 kg 及 9.85 kg。

圖 5-12　旋轉分力示意圖

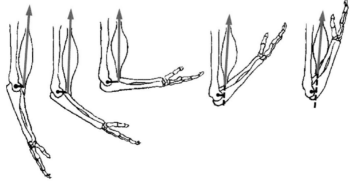

圖 5-13　肱二頭肌的力矩隨著肘關節屈伸而改變，進而影響肌力功能、大小。

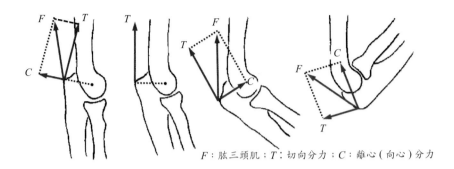

F：肱三頭肌；T：切向分力；C：離心（向心）分力

图 5-14 肱三頭肌在不同屈曲角度時之作用力分析

5.10 肘關節的穩定性

肘關節的穩定系統包括結構性穩定系統和動力性穩定系統 [20-21]。

1. 結構性穩定系統爲肘關節的穩定環，穩定環由4個柱組成：內側柱、外側柱、前柱和後柱。內側柱由內側副韌帶、尺骨鷹嘴內側 1/2 和肱骨內側髁組成；外側柱由橈骨頭、外側副韌帶複合體（包括外側關節囊）、肱骨外側髁組成；前柱由尺骨冠突、前關節囊和肱二頭肌組成；後柱由尺骨鷹嘴、後關節囊和肱三頭肌組成。其中任何一柱的損傷都將導致肘關節的不穩定。

2. 動力性穩定系統由跨越肘關節的肌群組成，包括前臂屈肌群、伸肌群、旋前圓肌、旋後肌和肱二頭肌、肱三頭肌、肱肌、肱橈肌、肘肌等。

3. 肘部的閉鎖式動力鏈運動發生在手固定，肩部作引體向上或俯臥撐的動作時。在引體向上時，屈肘肌以向心和離心的收縮使軀幹下降。在這兩個例子中，肩、肘關節結合來保持多關節肌有較理想的長度—張力關係。

腕關節

　　腕關節（wrist joint），又稱橈腕關節（radiocarpal joint），橈腕關節是典型的橢圓關節，可以繞兩個軸運動。可作掌屈、背伸、外展、內收及環轉運動。腕關節由橈腕關節、腕骨間關節、腕掌關節組成，在機能上前兩個關節構成一個聯合關節。關節囊略為鬆弛，關節的前、後和兩側均有韌帶加強，其中掌側韌帶最為堅韌，所以腕的後伸運動受限。

5.11 腕關節之骨骼解剖與關節組成

　　腕骨由 8 塊短骨組成，排列成近側列和遠側列，每列 4 塊。由橈側向尺側的排列次序，遠側列依次為大多角骨、小多角骨、頭狀骨和鉤骨；近側列依次為手舟骨、月骨、三角骨和豌豆骨（圖 5-15）。近側列的 4 塊骨由韌帶連接在一起，使其近側形成一個向上凸的橢圓形關節面，與橈骨下端的腕關節面和關節盤構成橈腕關節，而遠側列腕骨的遠端與掌骨底形成腕掌關節。腕關節是一個非常複雜的關節，其關節組成包括橈尺遠端關節、橈腕關節、腕骨間關節、腕掌關節等關節（圖 5-16）。

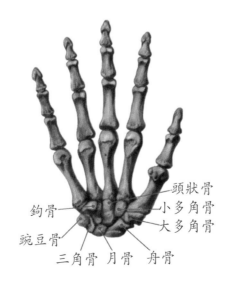

頭狀骨

鉤骨　　小多角骨

大多角骨

豌豆骨

三角骨　月骨　舟骨

圖 5-15　右手腕關節之骨組成解剖圖

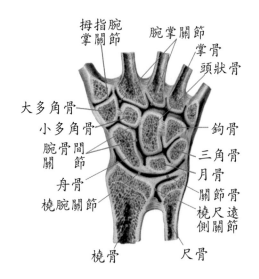

拇指腕
掌關節

腕掌關節

掌骨

頭狀骨

大多角骨

小多角骨

腕骨間
關　節

舟骨

橈腕關節

鉤骨

三角骨

月骨

關節骨

橈尺遠
側關節

橈骨

尺骨

圖 5-16　腕關節之關節位置視解剖圖

1. 橈尺遠側關節（distal radioulnar joint）

由橈骨的尺骨切跡與尺骨頭的環狀關節面，以及尺骨頭與橈腕關節盤的近側面構成，屬於車軸關節。關節囊較鬆弛，附著於尺骨切跡和尺骨頭的邊緣，其前後臂有韌帶加強。關節盤爲三角形，尖附著於尺骨莖突根部，底連於橈骨的尺骨切跡下緣，上面光滑而凹陷，和橈骨的尺骨切跡共同與尺骨頭相關節，下面也光滑而微凹，與月骨的內側部和三角骨的橈腕關節面相對。關節盤的中部較薄，周緣肥厚，與關節囊癒合。

2. 橈腕關節（radiocarpal joint）

由橈骨下端的腕關節面和關節盤的下面形成關節窩，與舟、月、三角骨的近側關節面聯合組成的關節頭共同構成，屬於橢圓關節[22]。關節囊薄而鬆弛，附著於關節面的邊緣，周圍有韌帶增強。橈腕掌側韌帶和橈腕背側韌帶分別位於關節的掌側面和背側面。尺

側副韌帶連於尺骨莖突與三角骨之間，橈側副韌帶連於橈骨莖突與舟骨之間。橈腕關節可作屈曲／伸展、內收／外展和環轉運動，其中伸展的幅度比屈曲的小，這是由於橈腕掌側韌帶較爲堅韌，使後伸的運動受到限制，另外，由於橈骨莖突低，在外展時與大多角骨抵接，因此，外展的幅度比內收的小。

3. 腕骨間關節（intercarpal joints）

腕骨之間的連接是一種微動平面關節類型，包括：近側列腕骨間關節、遠側列腕骨間關節和腕中關節等三組關節。

⑴ 近側列腕骨間關節：近側列的 4 塊腕骨中，舟骨、月骨和三角骨之間沒有獨立的關節腔，彼此之間藉腕骨間掌側韌帶、背側韌帶和骨間韌帶緊密連接。在上述韌帶之間，約有 40% 存在間隙，在這種情況下，橈腕關節腔與腕中關節腔及腕骨間關節腔可以相通。豌豆骨與三角骨之間形成豌豆骨關節，有獨立的關節囊和關節腔。其關節囊鬆弛附於關節面的周緣。關節腔細小，常與其他腕骨間關節相通。關節囊周圍有豆掌韌帶與第五掌骨底相連，有豆鉤韌帶與鉤骨相連。豌豆骨及其上述韌帶可傳遞尺側腕屈肌的牽引力至遠側列腕骨及掌骨。

⑵ 遠側列腕骨間關節：由遠側列 4 塊腕骨連接構成。4 塊腕骨之間藉 3 個腕骨間韌帶相連，與近側列腕骨之間藉腕掌側、背側韌帶相連。這些骨間韌帶將遠側列腕骨間的關節腔分隔爲兩部分，近側與腕中關節腔相通，遠側與腕掌關節腔相通。

⑶ 腕中關節：又稱腕橫關節，屬於球窩關節。位於近側列與遠側列腕骨之間爲滑膜關節。關節腔略呈「S」狀彎曲，內側部凸向遠側，居頭狀骨和鉤骨與月骨和三角骨之間，形似橢圓關節；外側部凸向近側，居於大、小多角骨與手舟骨之間，類似平面

型關節。近側列腕骨與遠側列腕骨之間一般沒有骨間韌帶，故腕中關節腔廣闊而不規則，與近、遠側列腕骨間的關節腔相通。關節囊的掌側有腕骨間掌側韌帶起自頭狀骨的頭部，呈放射狀止於舟骨、月骨和三角骨的主要部分，又稱為腕輻射韌帶。

5.12 腕關節之韌帶組成

為了穩定實質上不穩定的腕骨間關節，需要有強又有力的韌帶。腕關節韌帶是一個高度分化的複雜連接體系，不但具有限制過度活動、穩定腕關節的作用，而且還有傳導應力，協調腕骨運動的功能。腕關節周邊韌帶依照解剖位置可畫分為外部、內部及掌側、背側。內部（骨間）韌帶朝向並插入腕骨內近端列或遠端列腕骨間；而外部（囊狀）韌帶連接腕骨到橈骨、尺骨或近端掌骨 [23-24]。

1. 內部韌帶（圖 5-17）

又稱骨間韌帶，存在於所有腕骨間，除了月骨與頭狀骨間所形成的間隙空間外，它是腕骨間最脆弱的連接。該類韌帶可分為近側列腕骨間韌帶與遠側列腕骨間韌帶 [25]。

⑴ 近側列腕骨內在韌帶：有舟月骨間韌帶和月三角骨間韌帶。

　　a. 舟月骨間韌帶：舟月骨間韌帶連接於舟骨和月骨間，舟月骨間韌帶在解剖上分為 3 個部分，即背側、近側和掌側部分。背側部分厚，由橫行排列的短膠原纖維組成。近側部分主要由纖維軟骨以及少量淺表縱向排列的膠原纖維組成，近側部分像膝關節的半月板一樣，可以凸向舟月關節間隙數毫米。橈舟月韌帶將舟月骨間韌帶掌側部分與近側部分分開。掌側部分薄，由斜行排列的膠原纖維束組成。它是維持舟骨近極和舟月骨間關節穩定及運動協調的重要結構。過去研究發現，切斷舟月骨間韌帶，引起舟骨屈曲，旋前和月骨背伸改變 [26-27]。

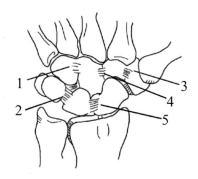

圖 5-17 背側腕骨間韌帶（左手）：1. 頭鉤骨韌帶；2. 月三角骨韌帶；3. 頭小多角骨韌帶；4. 大─小多角骨韌帶；5. 舟月骨韌帶。

    b. 月三角骨間韌帶：起自月骨表面，止於三角骨掌面，其下面有月三角骨間韌帶。月三角韌帶與月三角骨間韌帶的掌側部分很難分開。月三角骨間韌帶的解剖結構與組織學特點與舟月骨間韌帶相似，在解剖上也分為 3 個部分，即背側、近側和掌側部分。近側部分主要由纖維軟骨以及少量淺表縱向排列的膠原纖維組成，但密集一些。

⑵ 遠側列腕骨內在韌帶：有三角鉤骨韌帶與舟─大─小多角頭狀骨韌帶。

    a. 三角鉤骨韌帶，位於鉤骨近側緣掌面和三角骨遠側端之間。此韌帶堅韌，腕關節背伸和橈偏時收縮，尺偏和掌屈時鬆弛。

    b. 舟─大─小多角頭狀骨韌帶，也有學者稱其為舟大多角骨韌帶複合體，部分學者認為它由 4 種部分組成：Ⅰ、位於舟骨大多角骨關節掌側、橈側的強韌韌帶，掌側部分與橈側腕屈肌腱鞘相連，並有纖維止到小多角骨；Ⅱ、薄弱的掌側關節囊；Ⅲ、舟頭韌帶；Ⅳ、薄弱的背側關節囊。由於舟骨大多角骨關節掌側、橈側韌帶強韌，不易斷裂，在暴力作用下，容易

發生其附著點骨折，如舟骨結節骨折。舟—大—小多角頭狀骨韌帶是穩定舟骨遠端的重要結構 [28-29]。

2. 外部韌帶（圖 5-18）

腕部關節間，除了內部韌帶外，均屬外部韌帶，其主要韌帶分類有：腕關節掌側韌帶、腕關節背側韌帶、腕掌關節處掌骨近端韌帶、橈尺遠側關節韌帶 [30]。其細分類說明如下：

⑴ 腕關節掌側韌帶：

橈腕掌側韌帶：寬闊而堅韌。按其附著位置，可分為 5 個小韌帶，分別稱為橈舟頭韌帶、橈月韌帶、橈月舟韌帶、尺月韌帶和尺三角韌帶。該韌帶起自橈骨莖突根部與尺骨的下端掌側面，斜向內下方，止於手舟骨、月骨、三角骨和頭狀骨的掌側面。

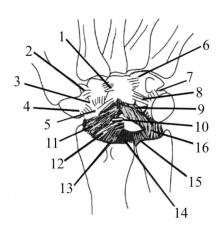

圖 5-18　掌側腕骨間韌帶及橈腕韌帶：1. 頭小多角骨韌帶；2. 小多角—三角骨韌帶；3、4 舟—大—小多角骨韌帶；5. 舟頭骨韌帶；6. 頭鉤骨韌帶；7. 三角鉤骨韌帶；8. 三角頭骨韌帶；9. 月三角骨韌帶；10. 舟月骨韌帶；11. 橈舟頭骨韌帶；12. 長橈月骨韌帶；13. 橈舟月骨韌帶；14. 短橈月骨韌帶；15. 尺月骨韌帶；16. 尺三角骨韌帶。

⑵ 腕關節背側韌帶：

腕背側韌帶較掌側韌帶數量少，為關節囊韌帶，較橈腕掌側韌帶薄弱。起自橈骨下端的後緣，斜向內下方，止於舟骨、月骨和三角骨，並與腕骨背側韌帶相移行。按其附著位置，可分為三條小韌帶，分別稱為背側橈尺三角韌帶、背側橈三角韌帶及背側腕骨間韌帶。

5.13 腕關節之生物力學

腕關節並不是一個簡單的滑車關節所構成，它是以三維途徑運動，像是一個萬向接頭。腕關節的解剖學特點允許它在兩個平面內運動：矢狀面內的屈—伸（掌屈和背伸）和額狀面內的橈尺偏移（外展—內收）（圖5-19）。這些運動合起來也是可能的，腕關節的最大運動範圍從外展和背伸到內收和掌屈。尺骨與腕骨沒有實際的接觸，它被一個纖維軟骨盤分離。這種排列使尺骨在前臂旋前—旋後時能夠滑動而不影響腕或腕骨的運動 [31-32]。

腕關節上的活動是由肌腱不插入腕骨而附著於掌骨上的肌肉所產生。腕關節屈伸動作主要是有兩個腕屈肌（尺側腕屈肌、橈側腕屈肌）和三個腕伸肌（尺側腕伸肌、橈側腕伸肌和橈側腕短伸肌）合作完成。大約75%由腕傳遞的力，經過頭狀骨到舟骨和月骨形成的關節面，接著到橈骨。

在人體生物力學中，雖然對上肢關節的研究已有百年的歷史，但對於腕關節的力學研究尚未有成功的生物力學模型，主要原因是腕關節的解剖結構複雜，又缺少有關的生物力學數據。因此，相對於其他主要人體關節的研究，腕關節的生物力學研究較不成熟。

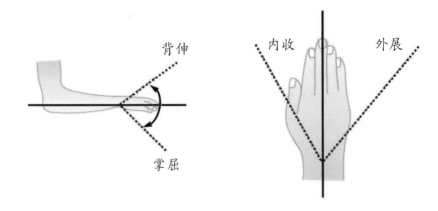

圖 5-19　腕關節之活動示意圖

📖 參考文獻

1. Rockwood CA, Matsen FA. The shoulder. 2nd ed. Philadelphia: WB Saunders Company; 1998.

2. Browne AO, Hoffmeyer P, Tanaka S, An KN, Morrey BF. Glenohumeral elevation studied in three dimensions. J Bone Joint Surg Br. 1990; 72(5): 843-5.

3. Fukuda K, Craig EV, An KN, Cofield RH, Chao EY. Biomechanical study of the ligamentous system of the acromioclavicular joint. J Bone Joint Surg Am. 1986; 68(3): 434-40.

4. Guanche C, Knatt T, Solomonow M, Lu Y, Baratta R. The synergistic action of the capsule and the shoulder muscles. Am J Sports Med. 1995; 23(3): 301-6.

5. Rockwood CA, Green DP. Fractures in Adult. 4th ed. Philadelphia: JB Lippincott; 1994.

6. Laumann U. Kinesiology of the shoulder joint. In: Koelbel R, et al. eds. Shoulder Replacement. Berlin: Springer-Verlag; 1987.

7. Itoi E, Berglund LJ. Function of the rotator interval: a cadaveric study. Trans Orthop Res Soc. 1996; 21: 698-704.

8. Lazarus MD, Sidles JA, Harryman DT 2nd, Matsen FA 3rd. Effect of a chondral-labral defect on glenoid concavity and glenohumeral stability. A cadaveric model. J Bone Joint Surg Am. 1996; 78(1): 94-102.

9. Howell SM, Galinat BJ, Renzi AJ, Marone PJ. Normal and abnormal mechanics of the glenohumeral joint in the horizontal plane. J Bone Joint Surg Am. 1988; 70(2): 227-32.

10. Helmig P, Sojbjerg JO, Sneppen O, Loehr JF, Ostgaard SE, Suder P. Glenohumeral movement patterns after puncture of the joint capsule: An experimental study. J Shoulder Elbow Surg. 1993; 2(4): 209-15.

11. Howell SM, Kraft TA. The role of the supraspinatus and infraspinatus muscles in glenohumeral kinematics of anterior should instability. Clin Orthop Relat Res. 1991; 263: 128-34.

12. Eckstein F, Lohe F, Hillebrand S, Bergmann M, Schulte E, Milz S, Putz R. Morphomechanics of the humero-ulnar joint: I. Joint space width and contact areas as a function of load and flexion angle. Anat Rec. 1995; 243(3): 318-26.

13. Callaway GH, Field LD, Deng XH, Torzilli PA, O'Brien SJ, Altchek DW, Warren RF. Biomechanical evaluation of the medial collateral ligament of the elbow. J Bone Joint Surg Am. 1997; 79(8): 1223-31.

14. Fuss FK. The ulnar collateral ligament of the human elbow joint: Anatomy, function and biomechanics. J Anat. 1991; 175: 203-12.

15. Morrey BF. Current concepts review: Fracture-dislocation of the elbow. J

Bone Joint Surg Am. 1998; 80(4): 566-80.

16. Shiba R, Sorbie C, Siu DW, Bryant JT, Cooke TD, Wevers HW. Geometry of the humeroulnar joint. J Orthop Res. 1988; 6(6): 897-906.

17. Eckstein F, Merz B, Muller-Gerbi M, et al. Morphomechanics of the humero-ulnar joint: II. Concave incongruity determines the distribution of load and subchondral mineralization. Anat Rec. 1995; 243(3): 327-35.

18. Eckstein F, Lohe F, Muller-Gerbl M, Steinlechner M, Putz R. Stress distribution in the trochlear notch: A model of bicentric load transmission through joints. J Bone Joint Surg Br. 1994; 76(4): 647-53.

19. Cohen MS, Hastings H 2nd . Rotatory instability of the elbow. The anatomy and role of the lateral stabilizers. J Bone Joint Surg Am. 1997; 79(2): 225-33.

20. Werner FW, An KN. Biomechanics of the elbow and forearm. Hand Clinic. 1994; 10(3): 357-73.

21. Morrey BF. Complex Instability of the Elbow. J Bone Joint Surg Am. 1997; 79(3): 460-9.

22. O'Driscoll SW. Elbow instability. Hand Clinics. 1994; 10: 405-15.

23. Kleinman WB, Graham TJ. The distal radioulnar joint capsule: clinical anatomy and role in posttraumatic limitation of forearm rotation. J Hand Surg Am. 1998; 23(4): 588-99.

24. Mayfield JK. Patterns of injury to carpal ligaments. A spectrum. Clin Orthop Relat Res. 1984; 187: 36-42.

25. North ER, Thomas S. An anatomic guide for arthroscopic visualization of the wrist capsular ligaments. J Hand Surg Am. 1988; 13(6): 815-22.

26. Ritt MJ, Berger RA, Kauer JM. The gross and histologic anatomy of the ligaments of the capitohamate joint. J Hand Surg Am. 1996; 21(6): 1022-8.

27. Berger RA. The gross and histologic anatomy of the scapholunate interosseous ligament. J Hand Surg Am. 1996; 21(2): 170-8.

28. Svoboda SJ, Eglseder WA Jr, Belkoff SM. Autografts from the foot for reconstruction of the scapholunate interosseous ligament. J Hand Surg Am. 1995; 20(6): 980-5.

29. Shin SS, Moore DC, McGovern RD, Weiss AP. Scapholunate ligament reconstruction using a bone-retinaculum-bone autograft: a biomechanic and histologic study. J Hand Surg Am. 1998; 23(2): 216-21.

30. Short WH, Werner FW, Fortino MD, Palmer AK, Mann KA. A dynamic biomechanical study of scapholunate ligament sectioning. J Hand Surg Am. 1995; 20(6): 986-99.

31. Dzwierzynski WW, Matloub HS, Yan JG, Deng S, Sanger JR, Yousif NJ. Anatomy of the intermetacarpal ligaments of the carpometacarpal joints of the fingers. J Hand Surg Am. 1997; 22(5): 931-4.

32. Berger RA, Kauer JM, Landsmeer JM. Radioscapholunate ligament: a gross anatomic and histologic study of fetal and adult wrists. J Hand Surg Am. 1991; 16(2): 350-5.

33. Crisco JJ, Chelikani S, Brown RK, Wolfe SW. The effects of exercise on ligamentous stiffness in the wrist. J Hand Surg Am. 1997; 22(1): 44-8.

第六章　脊椎生物力學

　　脊椎由 33 塊的椎骨依序排列，形成一多曲狀的脊柱結構。依照結構特性及所處位置，可細分爲頸椎（cervical spine）7 節、胸椎（thoracic spine）12 節、腰椎（lumbar spine）5 節、薦椎（sacral spine）5 節融合以及尾椎（coccygeal spine）4 節融合（圖 6-1 左）。脊椎（spine）是長條狀的骨骼組織，由一系列椎骨及椎間盤所組成，主要的作用在保護脊髓神經及支持體重。根據脊椎的生理結構及特性，愈往下方所承受的壓力愈大，故椎骨的體積也是由上而下逐漸增大。脊椎在整個肢節構造上是最脆弱的關節，其中又以第五節腰椎及第一薦椎間之椎間盤（L5-S1）最易受到傷害。

　　脊椎主要的功能與作用在保護脊髓神經，提供軀幹支撐和提供人體上半身的活動。由生物力學與解剖學綜合觀之，整體結構是由椎體（vertebral body）、椎間盤（intervertebral disc）、小面關節（facet joint）、韌帶（ligament）等所組成，每個元件各有其所代表的力學角色。椎體與椎間盤主要是承受壓力，由椎體的骨小樑縱向排列可得知。小面關節則主要是承受剪力及軸向扭力。而韌帶是唯一可承受張力的元件，主要在防止過大的彎曲。兩相鄰椎體、椎間盤、小面關節及韌帶合成爲脊椎之運動肢段（motion segment），即是脊椎之功能性單元（functional spinal unit, FSU），如圖 6-2 所示。此外，根據脊椎側視圖可知，頸椎和腰椎爲前彎曲線（Lordosis），胸椎爲後彎曲線（Kyphosis），這些彎曲提供了身體活動時的自由度，更幫助脊柱在承受負荷時，有更大的撓度（Flexibility）以減少傷害。

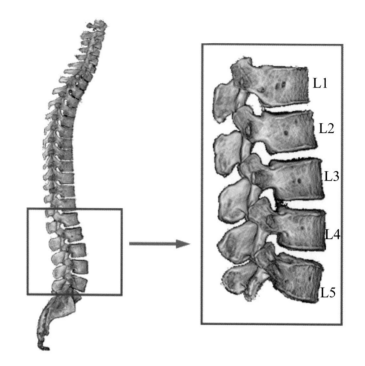

圖 6-1   人體脊椎（左）及腰椎局部（右）示意圖

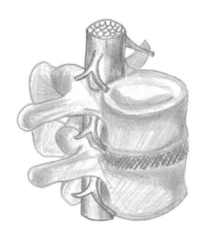

圖 6-2   脊椎之功能性單元

　　爲了對脊柱運動和遭受暴力時發生的異常運動及損傷作出近乎實際的解釋，人們多以生物力學的觀點來確定脊柱損傷的穩定與否。Denis[1] 在前人研究的基礎上提出了著名的三柱結構學說（圖 6-3），其把韌帶結構視爲脊柱穩定的重要結構。即前縱韌帶、椎體前 2/3 及相應椎間盤、纖維環爲前柱，椎體後 1/3 及相應的椎間盤、後縱韌帶、椎管爲獨立的中柱，脊椎後方附件爲後柱。其理論強調椎節的任何解剖部位受損傷均將波及脊柱的穩定性。

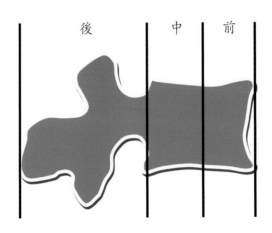

圖 6-3　　脊椎典型前、中、後三柱結構

　　脊椎產生疾病或損傷的因素包括：脊椎本身的材料特性、結構勁度、荷重形式、速度以及大小。頸椎的急性損傷主要承受衝擊模式，一般分爲壓縮衝擊型、屈曲衝擊型、屈曲扭轉衝擊型及瞬間加速或減速損傷。這些創傷均可導致脊椎不穩。至於脊椎的慢性損傷主要表現在椎體或軟組織長期受到異常應力作用所導致的一系列改變。其中頸椎運動節段的過度活動、發育性椎管狹窄、病理變化和血循環損害是頸椎病發生的四個重要因素。然而，脊椎的慢性損傷，多半會伴隨著力學的改變，在力學外在因素

以及生理病變的交互影響之下，應力應變作用加速頸椎體、頸椎間盤、小面關節及其韌帶的退化過程。脊椎病與脊椎生物力學平衡的破壞有十分密切關係，骨刺產生主要是椎體間適應應力的異常改變而發生的，常見於脊椎內力以及外力不平衡所導致。

頸椎的解剖學及生物力學

6.1 頸椎功能性解剖

1. 頸椎

頸椎主要的解剖功能在於支持頭顱的重力，有堅強的支持力；同時，為了適應視覺、聽覺和嗅覺的刺激反應，需要有較大而靈活的活動度。頸在頭和軀幹之間，較為窄細，有重要組織器官密集其中，而在結構上是人體脊椎中較為脆弱的部位。頸椎的下方節段是脊椎活動度較大的部位，也是脊柱中最早出現退化性病變的部位。

2. 頸椎基本解剖

如同脊椎椎體的構造，頸椎骨通常有七節，除第一、二頸椎骨外，形狀均與典型的椎骨相類似。典型的椎骨由前方的椎體和後部的椎弓構成（圖6-4），椎體和椎弓圍成一孔，稱為椎孔。椎孔相連成一管，稱為椎管，容納脊髓和神經根及其被膜。椎體是短圓柱形，中部略細，上、下兩端膨大；前面在橫徑上凸隆，垂直徑上略凹陷；後面在橫徑上凹陷，垂直徑上平坦，中央部有滋養血管通過。椎弓呈弓形，由一對椎弓根，一對椎板，四個關節突，二個橫突和一個棘突構成。椎弓根的上、下緣各有一凹陷，分別稱為椎骨上切跡和椎骨下切跡，相鄰椎骨的椎骨上、下切跡圍成一孔，稱椎間孔，實際為一短管，有脊神經根，脊神經節和其被膜並有血管通過。椎板是椎弓後部呈板狀的部分，相鄰椎骨的椎板之間有黃韌帶。棘突起

椎弓後方正中，兩側椎板連結部，凸向後下方，爲肌肉和韌帶的附著部。關節突有四個，每側各有一個向上的關節突和一個向下的關節突，它們位於椎弓根和椎板相連的部位；相鄰椎骨的上、下關節突構成關節，稱爲椎間關節。橫突每側各一個，起自椎弓根和椎板相連結處，上、下關節突之間，凸向外側，爲肌肉和韌帶的附著部。

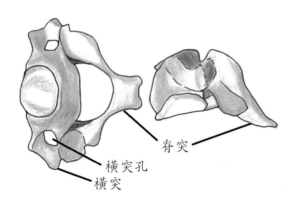

脊突

橫突孔
橫突

圖6-4　典型的頸椎椎體骨結構（上視圖與側視圖）

寰椎（頸椎第一節）和樞椎（頸椎第二節）間的連結有其特殊性；樞椎和其下諸椎骨之間的連結，基本上是一樣的。椎體藉椎間盤和前、後縱韌帶緊密相連結。椎間盤位於相鄰椎體之間，前、後縱韌帶分別位於椎體的前、後方。前縱韌帶是人體內最長的韌帶，厚而寬，較堅韌。後縱韌帶較細長，雖亦堅韌，但較前縱韌帶爲弱，位於椎體的後方，爲椎管的前壁。在頸部脊椎、椎體的側後方有鉤椎關節，爲椎間孔的前壁。鉤椎關節的後方有頸脊神經根、根動靜脈和寰椎神經；其側後方有椎動脈、椎靜脈和椎神經。

椎弓由椎間關節和韌帶所連結。相鄰椎骨的上下關節面構成椎間關節，由薄而鬆馳的關節囊韌帶連結起來，其內有滑膜。橫突之間

有橫突間肌，對頸脊柱的穩定性所起的作用很小。椎板之間有黃韌帶，呈扁平狀，黃色，彈性大，很堅韌，是由彈力纖維組成。棘突之間有棘間韌帶和棘上韌帶，使之相互連結。

頸椎活動相較於胸椎及腰椎有較大的角度，大約前彎 80°～90°，伸展 70°，側彎 20°～45°，大於 90° 的兩側扭轉。但頸椎運動是複雜的，因爲單一線性運動不能精確描述頸椎椎體間的運動，運動的範圍也不能以一個椎體到另一椎體平均運動總合來計算。

6.2 頸椎生物力學

在研究脊柱生物力學時，一般多運用運動節段或脊柱功能單位進行描述與分析。脊柱的功能單位包括鄰近兩個椎體及其間的椎間盤與韌帶。一般分爲前部結構和後部結構前者包括椎體、椎間盤、椎弓和相連的韌帶，後者包括相應的椎弓、椎間關節、橫突棘突和韌帶。頸椎基本的生物力學功能是：載荷的傳遞；三維空間的生理活動；保護頸脊髓。頸椎活動節段爲頸段脊柱的基本功能單位，是維持頸椎穩定性的基本單位。

1. 上頸椎生物力學

第一節頸椎椎體稱寰椎（atlas），時常被視爲「搖籃」，因爲它結構與頭顱枕骨相連，提供頭部支撐（圖 6-5）。這寰椎與枕骨髁，主要運動是彎曲及伸展。正常的彎曲到過度伸展在寰枕關節（atlanto-occipital joint）範圍是 15°～20°，扭轉及側彎在枕骨及寰椎之間是不可能發生的，因爲枕骨髁深沉在寰椎窩內，當互相產生扭轉運動時，二側寰枕關節會互相產生接觸牽制作用，對側的枕骨髁會接觸到寰枕窩的前壁及同側枕骨接觸到各自寰椎窩的後壁（圖 6-6）。同樣的，當產生側彎運動時，需要對側枕骨髁離開寰椎窩，此時的運動會被強有力的寰枕關節關節囊及軟組織限制住（圖 6-7）。

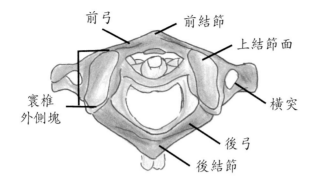

圖 6-5　　第一節頸椎椎體─寰椎上視圖結構

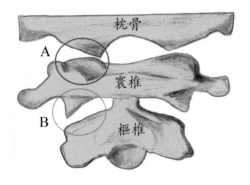

圖 6-6　　寰椎與枕骨髁構成寰枕關節

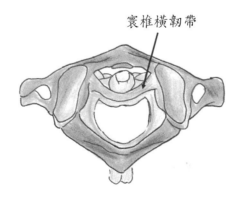

圖 6-7　　寰椎藉由韌帶軟組織與下方頸椎維持穩定結構

頭部重量轉移到頸椎是經由寰椎與樞椎（axis）構成的寰樞關節（atlanto-axial articulation）。樞椎的齒狀突（dens, odontoid process）從主體延伸包含一小面關節向上凸起，由前弓創造一圓形單元。正常寰椎在樞椎上的扭轉大略為每邊 50°[2]，但結果是多變的，屍體是 32°[3]，X 光顯影技術是 75.2°[4]，CT 掃描是 43°[5]。不過寰樞關節扭轉能力來自於三個主要韌帶（transverse, alar 及 apical）抓住窩點做為固定點使寰椎能扭轉。

扭轉在寰椎到樞椎可以發生，側邊上下有小關節結構創造兩面凹的面，每個關節表面凹部因為上下小面關節的軟骨而在 X 光片上是不可見的。這特徵是為了關節表面前後方向的移動。寰樞關節的雙凸結構意指頸椎彎曲及伸展常創造反方向的移動。因此當頸椎彎曲，寰椎伸展；當頸椎伸展，寰椎則產生彎曲。這種偶合運動發生因為寰椎在樞椎必須維持平衡，當軸向壓力線移到平衡點前端，即當脖子伸展時，寰椎則產生彎曲。反之當頸椎彎曲，壓力線移到平衡點後端，使寰椎產生伸展。偶合或逆向移動是獨持的脊椎特徵，可幫助了解受傷機制的重要性（圖 6-8）。

寰樞關節的另一特徵也與其他頸椎椎節一樣，亦即寰椎在軸向的單純扭轉如果沒有小幅度伸展及側彎和彎曲是不可能發生的。

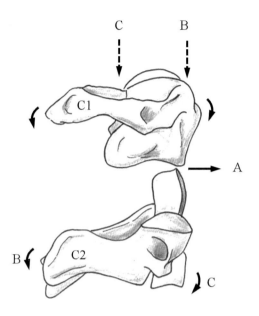

圖 6-8　環樞關節的雙凸運動偶合結構：A—平移；B—當環椎產生伸展動作時，
　　　　會造成下方樞椎產生彎曲動作；C—當環椎產生彎曲動作時，會造成下
　　　　方樞椎產生伸展動作。

2. 頸椎椎體正常動態活動

　　從第二節頸椎（C2）之後，上頸椎開始銜接到第三節頸椎（C3）
以下較典型的椎體。樞椎的角色類似「根」，架構在 C3 椎體之內，
固定上頸椎到接下來的椎體。從 C2/C3 開始，上下椎體關節的表
面類似馬鞍狀關節以維持前後方向、內外方向的凹面穩定結合。中
間到下面的頸椎椎體可扭轉及彎曲但側彎受到較大限制。

　　人體脖子的彎曲及伸展運動不一定真正反應出椎體間活動。事實上
脊椎椎體最大的彎曲或伸展活動的產生可能發生在頸椎本身完全彎
曲或伸展之前。此外，脊椎椎體在某一個方向有最大移動角度時，
頸椎節段則可能是反方向的移動。經過高速動態放射線攝影技術，
Van Mameren 等人 [6] 定義彎曲是由較下面的頸椎（C4-C7）先開

始，接著是 C1 到 C2，C2 到 C3，C3 到 C4。而 C6 到 C7 節段產生回復伸展活動，則是跟隨在 C1 到 C2 的回復伸展活動之後。C6到 C7 節段貢獻彎曲活動的結束時期。伸展也是從較下面的頸椎（C4-C7）開始，接著是 C1 到 C2。中間頸椎區域包含各種運動但最下面頸椎節段是貢獻最終伸展的時期。

獨特的頸椎椎體運動可由 Penning [7] 等人用瞬時旋轉中心（ICR）的概念來解釋。一個椎體實際上的旋轉中心在椎體前方靠近上方的位置（圖 6-9），能被用來解釋頸椎椎節的往返運動。往返曲線是椎體產生運動時，各支點所形成的軌跡曲線。當力量由上往下作用到頸椎椎體下方時，整個脊椎產生彎曲或伸展是決定在力量作用線與瞬時旋轉中心的相對位置。因此當頸椎整個節段產生彎曲但力量向量經過特定椎體 ICR 後方時，此椎體將產生伸展。

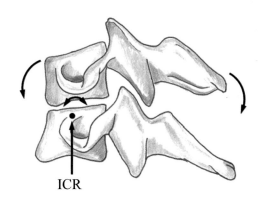

ICR

圖 6-9　頸椎椎體之間相對運動產生瞬時旋轉中心

⑴ 頸椎運動學與運動力學

　　脊柱頸椎運動有六個自由度，即冠狀面的側彎和左右側方平移、軸向平移；橫截面上的左右扭轉以及矢狀面上的彎曲、伸展及前後方向的平移。頸部活動由二個部分完成：上頸椎部分以寰

樞關節爲主的聯合運動及下頸椎的聯合運動。前者以旋轉運動爲主，後者以彎曲伸展運動爲主。C1-2 旋轉活動約占整個頸椎軸向旋轉的 50%，其餘 50% 由中下頸椎 C3-7 聯合運動完成。頸椎的彎曲伸展以 C5-6 節段最大，但側向彎曲與扭轉活動度愈往下則愈小。

頸椎運動在生物力學特徵上主要涉及靜力學、動力學及其穩定性等方面。頸椎靜力學的研究重點在於分析平衡狀態下椎體、椎間盤乃至韌帶的生物力學性能以及各種不同姿勢下對頸椎運動的影響。在脊椎由上至下的結構之下，頸椎承受的各種載荷均較胸椎及腰椎椎體小，特別是壓縮載荷。頸椎受力在肌肉鬆弛站立或坐姿時，頸椎負荷較輕；在旋轉和側彎時，負荷將增加；在極度屈曲時，負荷明顯升高，其中以下頸椎的運動節段更爲明顯。Harms-Ringdahl 等人 [8] 測得在完全前屈、輕度前屈、中立、輕度伸展、極度伸展，寰枕關節關節和第七節頸椎到胸椎第一節（C7-T1）運動節段周圍的彎曲力矩大小，結果發現負荷在極度前屈時最大，中立位和後伸位較低；當頸椎完全屈曲時，寰枕關節產生的彎曲力矩大約增加爲中立姿勢的 1.2 倍，C7-T1 運動節段則爲 3.6 倍。由於條件限制，特別是活體研究的困難，相關研究工作甚少，在頸椎動力學分析方面，研究肌力的作用對脊柱模型的發展具有重要意義。

正如人體關節結構一樣，除了椎體骨之間的軟骨之外，周邊的韌帶對於椎間穩定度具有某種程度的影響。頸椎的穩定性是指頸椎承載時，頸椎保持平衡形態的能力。一般頸椎的穩定性系指頸部椎節在生理載荷下無異常改變和無過度或異常活動。通常頸椎承受的載荷有壓縮、拉伸、扭轉、剪切等形式。在生理

載荷下，椎節之間不會出現異常應變，因此保證了脊柱的穩定性。White 等人 [9] 採用下頸椎的 FSU 進行生物力學實驗結果發現，切斷所有後柱韌帶可導致屈曲不穩定；在伸展動作時，相較於切除後側韌帶，切除前縱韌帶狀況之下，會引起較不穩。而小關節切除後，頸椎水準位移明顯增加。從頸部的肌肉動力學分析可以發現，C4-5 的肌肉較弱，且處於頸椎前凸曲線最前沿，穩定性最差，因此，在外傷或軟組織慢性損傷，肌肉痙攣所致的平衡失調時，易發生以 C4-5 為中心的椎體平移或旋轉。

(2) 頸椎硬組織結構與應力應變

Wolff 法則早在 1870 年就提出：「骨在生長期間保持與作用它之上的機械力相適應。」近代生物力學指出：「骨骼是一種回饋控制系統，正常情況時，骨處於最優應力值的作用下，呈現平衡狀態，即成骨速度與蝕骨速度相等；而當應力應變大於最優值而小於適應性上限時，成骨作用處於優勢，骨質增生，加大了承受面積，從而使應力應變降低，又恢復到最優值。相反的情況引起骨質萎縮，使應力應變上升。」這些理論指出了骨組織代謝與所承受的應力應變值有密切關係。由於身體力量傳遞，使得椎體的上下緣增生常見，也與其受到應力較大有關，往往會產生臨床上所謂骨刺。其結果說明骨贅或骨刺生長是脊椎對抗壓力的代償機制。在此力學效應之下，受應力應變越大、作用時間越長的頸椎，其頸椎骨的形態學改變越明顯。C4-5，C5-6 兩節段始終處於最大壓力值狀態，主要是因為此椎節部位正處於頸椎前凸曲線的最前沿位置。

(3) 頸椎軟組織結構與應力應變

就整個脊椎結構而言，椎體承受的軸向壓縮極限載荷從頸椎到

腰椎，其總體變化趨勢爲逐漸增加，而椎體的相對變形則逐漸減小。頸椎間盤是爲軟骨結構，在整個頸椎承載系統中是最爲關鍵的部分，對頸椎的活動和負重起重要作用，它不僅可吸收振動、減緩衝擊，而且能將所承受的載荷向不同方向均勻分布。椎間盤的主要生物力學功能與其他關節軟骨一樣在於吸收衝擊能量，其他包括維持椎間隙的高度、對抗壓縮力並使相鄰兩椎體的相對活動限制在很小範圍內。並與後方的小面關節共同承受頭顱以及頸部運動時肌肉產生的荷重施力。日常生活中，椎間盤的負荷很複雜，它具有承受和抵抗擠壓，彎曲和扭轉的能力。椎間盤對扭轉外力的抵抗能力較弱，扭轉作用的施力行爲爲椎間盤損傷的主要原因。

頸椎的韌帶多數由膠原纖維及彈性纖維組成，承擔著脊椎運動時產生的大部分張力載荷。除黃韌帶外，脊柱韌帶的伸長應變率較低，故可與椎間盤一起，提供脊椎的結構穩定。頸部韌帶按其部位可分爲上頸椎韌帶和下頸椎韌帶。上頸椎區域的韌帶作用特殊，既有靈活的運動性，又有可靠的穩定性。中下段頸椎區域的前縱韌帶跨越中央頸段脊柱，與椎間盤連接較鬆馳，後縱韌帶位於椎體背側，與椎間盤連接較緊密。黃韌帶與每一個椎板相連，處於椎管後側。頸椎後側韌帶提供頸椎前屈時的主要穩定力；而前側韌帶則提供頸椎伸展時的主要穩定力。

6.3 頸椎受傷生物力學

除了退化或病理疾病之外，由於運動或外力導致頸椎的受傷在臨床上也是相當常見。關於頸椎運動，研究者大多將焦點放在頭部運動傷害且懷疑受傷的頸椎有主要機制做特定的運動。但現在更進一步研究顯示出頭部受傷並無法完全反應出是由何種頸椎運動模式所導致的。頭部及脊椎的生

物力學及受傷範圍受到撞擊位置以及衝擊力方位的影響。頸椎及頭部運動傷害發生其實早在最初 2 到 30 毫秒就已決定了。

因為頸椎受傷的生活改變及潛在災難，頸椎受傷的運動員到院治療前的前處理備受關注。雖然頸椎受傷比四肢扭傷及拉傷機率較少，但頸椎一旦受傷，死亡率及潛在永久神經功能損傷卻比四肢扭傷更嚴重。頸椎受傷需要立即及靈敏的反應來處理。嚴重的頸部受傷常發生在美式足球及橄欖球員。其他運動及活動也有頸椎受傷的高發生率，如摔角、潛水、休閒潛水、冰上曲棍球、體操及騎馬。

較嚴重的頸椎受傷的運動員是軸向負載相關的抗壓力量。臨床顯示，主要的頸椎受傷結果在椎體骨折、脫位、半脫位或韌帶斷裂，頸椎不穩定。White 等人 [9] 定義脊椎臨床不穩定是一個頸椎節段大於 3～5 mm 橫向位移。顯然，最壞的情況下是體能訓練員無法察覺脊椎微小且不規則的結構。頸椎運動到一平面需要另一椎體互補移動才能產生。這造成頸椎節段動態及受傷機制的複雜化。為任何運動傷害評估，受傷機制的確認是第一步驟。一個運動員有顯著的脊髓損傷可能不會有立即的症狀。

本小節主要依據頸椎功能解剖，提供動態反應及包含運動期間相關軸向抗壓使頸椎受傷的主要機制之基本知識。

1. 頸椎挫曲（Buckling）

頸椎承受軸向負載時，壓縮力量會造成短暫的變形或彎曲。這彎曲使頸椎內產生極大的角度及過度的應變力產生垂直負載是產生受傷的主要原因（圖 6-10）。Nightingale 等人 [10] 用高速視頻及屍體骨評估頸椎的動態反應到軸向負載。彎曲及受傷在樣品受衝擊後 2 到 31 毫秒就已經產生了，相較於頭部及脖子運動在 20 到 100 毫秒之間才被觀察到，時間發生得相當早。本質上，頸椎椎體幾乎在瞬間即能馬上到達高度彎曲及高度伸展的位置，甚至在頭及脖子尚未觀

察到運動之前。這事實對運動訓練員很重要，不能光單純的以頭部運動來評斷頭部頸椎的傷害，潛在的傷害不應被低估。

雖然研究人類受傷機制是有價值的，但有存在著不能計算力量分布及軟組織的關節穩定的限制。即使受傷發生在肌肉收縮之前（60毫秒），某些程度的肌肉活動及剛性被假定存在於運動員頸椎撞擊的瞬間。此外，據我們所知，大部分的研究僅能執行垂直及軸向負載生物力學，負載應用於垂直方向的屍體樣品，而實際狀況下，很少運動員接受軸向負載在純直立或反轉位置，反而實際上是與地面的平行或傾斜方向產生衝擊。在重力影響下，伴隨上背後肌肉的靜態穩定機制，會影響頸部挫曲彎曲模式及力量的方向。目前的研究仍很少模擬在一非軸向衝擊之下，對於人體內外受力模式的效應。進一步研究在這方面的具體功能要求及損傷機制是必需的。

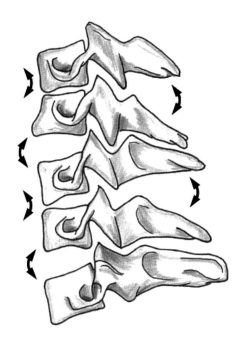

圖 6-10　頸椎承受軸向負載時，壓縮力量會造成短暫的變形或彎曲產生挫曲。

2. **頭部衝擊方向影響及緩衝襯墊效應**

Nightingale 等人 [11-12] 藉由表面接觸方向調整評估對於屍體骨的軸向動態反應影響，在頭部受衝擊的三個不同位置：(1) 前方頭部（15°及 30°），在 (2) 頂部（0°或中點），或 (3) 後方頭部（15°）。結果發現頸椎產生最大損傷的組別是當衝擊力作用在頭部前方頂點及頭頂部位置，作用在後方頭部並沒有產生頸椎損傷。具體而言，當頭部經歷了一個直接影響到頂點或是前方的衝擊力量，容易造成頸椎傷害。

Nightingale 等人 [12] 也調查到緩衝襯墊表面的影響。事實上，利用緩衝墊保護頸椎未必有效，它甚至被證明會增加頸椎重大傷害的可能性。該研究發現軟墊材料可以降低在頭部衝擊力，正如預期；然而頸椎受到力量反而增加，造成比沒有緩衝更大的傷害。原因主要是因為襯墊的介入，會增加衝擊力量時間。對於頸椎，當頭部受到緩衝襯墊保護時，反而導致頭頸椎結構增加承受衝擊力的時間，增加頸椎受傷的危險性。

3. **揮鞭症候群**（Whiplash）

揮鞭損傷常發生在碰撞運動。以足球運動發生鞭抽症傷害為例，一個四分衛落在後面而他並沒有預期會被撞而發生了鞭抽症的損害。然而一般認為頭部或頸部的極端運動角度造成傷害，一些頸椎傷害來自於壓縮力量。在頭頸部及典型軸向負載是不同的機械力學。

許多研究員努力的結合以人類為主題、屍體標本及數學模式提供頸椎產生頭頸部鞭抽症時的詳細時間來解釋抗壓機械力學。身體結構在碰撞時會往前也會往上移動。身體往上推力會壓縮頸椎。再加上身體往前位移，這兩種力量結合造成頭部向後扭轉到伸展，造成張力及彎曲力（較下面頸椎椎節伸展及較上面頸椎椎節彎曲）。據報

告顯示，鞭抽期間頸部最大伸展並不會超過脖子正常生理極限，因此不是受傷的實際原因。相反的，受傷機制（抗壓，往前身體位移及彎曲）等動作若一起產生，造成各椎體不正常扭轉到伸展。當椎體扭轉，前端的部分會和後端分離，尤其是小面關節會承受極端的壓縮力道。上方的小面關節的微小骨折在屍體樣品中及車禍的屍體檢驗中被發現。因此椎體損傷不一定是剪切力或伸展過度引起。反之，彎曲的脊椎時，各椎體的彎曲及伸展位置延伸到異常高的旋轉軸線，迫使它進入下方椎體的上方小面關節。

在敘述鞭抽症發生時，多數研究者將研究主題設在車上座椅頭靠的地方。但鞭抽型損傷在運動及競賽時更容易發生在運動員為直立姿勢沒有護頭時。直立向上的推力可能不會太大，當以垂直姿勢坐在椅子上，可能將彎曲及壓力影響減到最低。但在椎體不正常扭轉仍可能發生，特別是沒有護頭及護頸時。

如果在鞭抽後最初 X 光沒有顯示出頸椎骨折，典型的診斷是軟組織是否受傷。但頸椎完整性在鞭抽後仍可能產生潛在威脅，可能用 X 光無法清楚了解，造成低估了恢復時間。研究調查鞭抽後真正機制及損傷是有必要的。

腰椎的解剖學及生物力學

6.4 腰椎功能性解剖

1. 腰椎椎骨結構概述

腰椎為承載人體上半身的主要末端結構，呈現一前凸（lordosis）曲線的外觀（圖 6-1）。椎骨結構可區分為前方的椎體（vertebral body）及後方附件（posterior element），其中後方附件包含成對的椎弓（pedicle）、上關節突（superior articular process）、下關節突

（inferior articular process）及橫突（transverse process），其間以關節突間峽部、椎板（laminae）作為連結，並向後方伸出一棘突（spinous process）結構。橫突與棘突為肌肉附著的位置，如同槓桿一般提供了肌肉更為理想的施力環境。而由椎體、椎弓及椎板圍繞形成之椎管（spinal canal）為脊髓（spinal cord）通過之管道，呈三角狀，結實的結構得以保護脊髓的安全（圖 6-11）。

脊椎是屬於串聯式受力。腰椎因位於頸、胸椎之下，受到較大的累積作用力，故其椎體之截面積尺寸較頸、胸椎均為大。於椎體的外圍部分為較緻密的骨小樑層，稱之為皮質層（cortex），其上下側之幾何位置稱作硬骨端板（bony endplate），而硬骨端板最強硬的結構為於外圍的骺環（ephiphyseal ring或cortical ring），為最適合用以支持植入物之所在[13]，椎體的內部則為鬆質骨（cancellous）結構，而後方附件則為皮質骨（cortical bone）包覆著中央的鬆質骨結構。在正常生理狀態的直立站姿下，椎體負擔椎骨受力約占92%[14]。骨質的強度與骨密度息息相關，隨著骨密度的變化，當骨密度降低約25%時，椎骨的力學強度將降低約50%[15]（圖6-12）。

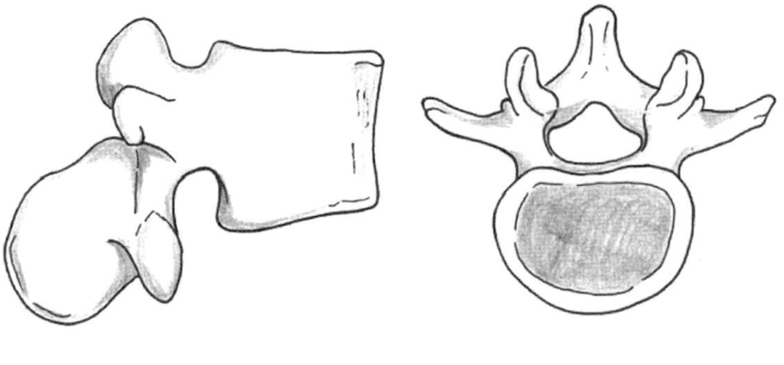

圖 6-11　典型腰椎椎骨結構之側視（左）及上視（右）示意圖

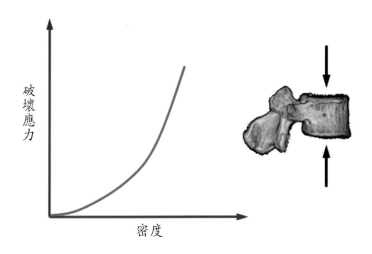

圖 6-12　　椎體破壞應力與骨密度關係圖 [15]

3. 小面關節（facet joint）

鄰近的上下關節突所形成之關節稱之為小面關節，具有關節軟骨的表面及關節液進行潤滑的效果（圖 6-13）。以腰椎為例，該關節與解剖之橫截面（transverse plane）之 90° 夾角，及與矢狀面（sagittal plane）之 45° 夾角，形成引導腰椎椎骨間的活動機制，並成為限制腰椎活動的硬性結構（圖 6-13）。在直立站姿下，正常的小面關節約負擔了椎骨受力餘下的 8% 荷載，而在前方結構發生退化而降低支撐效果的情況下，小面關節的負載將提高至整體的 40%[14]。在軸向旋轉下，由於其限制活動的因素，也將使得其負載大為提高。

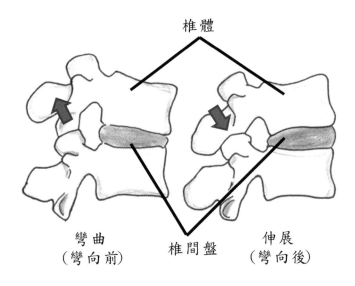

椎體

彎曲
（彎向前）

椎間盤

伸展
（彎向後）

圖 6-13　小面關節之結構與活動示意圖

4. 椎間盤（intervertebral disc）

椎間盤可分為中央的髓核（nucleus pulposus）、外圍的纖維環帶（annular fibrosus）及其與硬骨端板接觸之軟骨端板（cartilaginous endplate）（圖 6-14）。椎間盤為一擁有彈性、並作為連接上下節椎體的主要結構，提供椎骨間適當的活動性及拘束，且其黏彈性質可達到吸收衝擊的效果。髓核約占椎間盤橫截面積的 30～50%[16]，健康的髓核主要含有第 II 型膠原蛋白纖維，存在於膠狀的多醣蛋白（proteoglycan）中，能夠吸收水分而膨脹，在受到壓力的時候可將力量傳遞至纖維環帶處。纖維環帶則為多層的膠原蛋白纖維所組成，其排列為同心並呈約 30° 的夾角交錯。最外圍的纖維環帶結構幾乎全為第 I 型膠原蛋白纖維，其含量向髓核的方向逐步遞減，而第 II 型膠原蛋白的含量逐漸提升。而隨著年齡增長、椎間盤發生退化的情形下，第 II 型膠原蛋白逐漸取代第 I 型膠原蛋白，而使

得椎間盤失去彈性、含水量降低，支撐力下降而對椎節的活動發生影響。

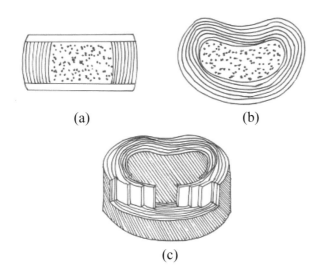

(a)　　　　　　　　　　(b)

(c)

圖 6-14　椎間盤結構之 (a) 前視、(b) 上視及 (c) 纖維環帶示意圖。

5. 腰椎周邊韌帶組織

腰椎周邊的韌帶連接著椎骨，屬於被動元件，一般認為其作用為限制椎骨活動，僅能承受張力而對壓力的反應相對微弱。腰椎的周邊韌帶包括有屬於長韌帶的前縱韌帶（anterior longitudinal ligament）、後縱韌帶（posterior longitudinal ligament）、棘上韌帶（supraspinous ligament），及屬於椎節間的短韌帶包括棘間韌帶（interspinous ligament）、橫突間韌帶（intertransverse ligament）、關節囊韌帶（capsular ligament）及黃韌帶（ligamentum flavum）等 7 項（圖 6-15），各韌帶之力學強度皆不盡相同。而在 Panjabi 的研究論述中提及在維持脊椎運動的穩定性上，韌帶的作用應屬於偵測

動作的感知受器 [17]，在椎骨活動時，韌帶受到拉長，而將該動作之位置資訊經由神經回傳予大腦，若活動已達正常生理之臨界，大腦將再對相關肌群下達指令命其停止繼續動作，避免過度的活動造成傷害。是故韌帶對於椎骨活動的限制影響其實遠低於肌肉作用，如此的論點也賦予韌帶較重要的地位，觀點上似乎也較為正確。

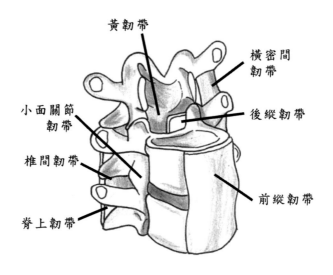

圖 6-15　典型腰椎之周邊韌帶示意圖

6.5 腰椎生物力學

1. 腰椎運動學

脊椎的活動性仰賴數項因數：上下節椎骨、一對小面關節（由成對上、下小面關節形成）、椎間盤，以及周邊韌帶組織等，合稱為活動節段或功能性單元。與人體其他主要關節如髖、膝關節等相比，脊椎所受到的侷限較低，故在空間中的 6 個自由度（3 個平移自由度、3 個旋轉自由度）均可以觀察到相對運動的產生。而在結構非線性、材料非線性（人體組織的黏彈性質）的前提下，活動節段在

生理運動的負載作用下，於典型的力量（力矩）─位移（角度）曲線中會出現非線性的反應。在 Panjabi 所提出的力學模型中將非此線性的表現分爲中性區（neutral zone, NZ）及彈性區（elastic zone, EZ），加總合成爲活動範圍（range of motion, ROM）（圖 6-16）。在脊椎受到動作負載時，活動節段會快速地離開中性的位置（負載前的原位），而在受負載到一定程度時，活動節段逐漸受到抵抗，而使得在力量─位移圖中的斜率產生明顯變化的現象，在此之前的活動區域稱作中性區，爾後則進入彈性區的範圍直至活動的極限[18]。此理論於至今的研究常被應用於判定活動節段穩定性之重要依據。

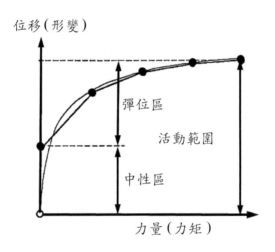

位移（形變）

彈位區

活動範圍

中性區

力量（力矩）

圖 6-16　脊椎運動之中性區及彈性區表現

瞬時旋轉中心的變化亦是常用以敘述較爲複雜的運動表現，同時也可解釋運動的品質及穩定性。以腰椎爲例，在前彎動作下，瞬時旋轉中心傾向位在活動節段中相鄰椎體間隙於矢狀面的前方，而在後彎動作下則會位於其後方；左右側彎則位在間隙中於冠狀面偏向反

側的位置；軸向旋轉則在橫截面中位於椎體投影位置，較無明顯的左右區別（圖 6-17）。而在活動節段的情況下，順時旋轉中心的位置將會變得極為不規則，軌跡也會拉得非常長，藉由此一表現亦可應用於判斷活動節段是否發生不穩定的狀況（圖 6-18）。

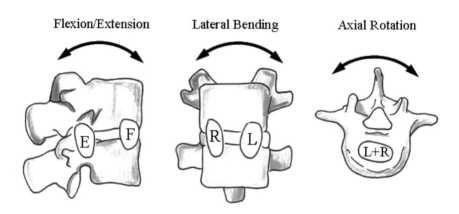

圖 6-17　腰椎於前後彎（左）、側彎（中）及軸向旋轉（右）之瞬時旋轉中心。

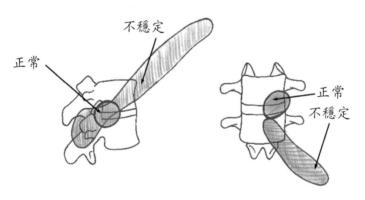

圖 6-18　腰椎正常及不穩定時之活動瞬時旋轉中心軌跡

2. 腰椎運動力學

脊椎的穩定性仰賴椎間盤、小面關節及肌肉韌帶等結構之交相作用所達成。其中椎間盤負擔了高達 92% 的軸向作用力傳遞 [14]，並具有提供脊椎於旋轉及側向偏移時的支援與吸收衝擊力的功能 [19-20]。以腰椎第三至四節（L3-L4）為例，於站立姿態下的椎間盤受力達到 1,000 牛頓，在坐姿與前彎動作下更會增加至 3,000 牛頓 [21-22]。一般估計正常人每年約擁有 200 萬次的步行週期，而在每一次的步行週期下約對椎間盤造成 150 至 1,250 牛頓的軸向負載及 40 至 450 牛頓的剪切向負載 [23]。如此高強度及高頻率施加於脊椎的作用力將無可避免地造成椎間盤隨著時間發生退化。

3. 腰椎椎間盤與其退化

椎間盤退化過程大體上可將該過程粗略分為三期：失效期（dysfunction）、不穩定期（instability）及再穩定期（restabilization）。於失效期發生的問題，在過去的研究報告中大多針對椎間盤突出（intervertebral disc herniation）與因椎間盤水分減少造成椎節間隙降低產生之椎孔狹窄（spinal canal stenosis）（圖 6-19 中 A 區為正常椎間盤、B 區為初期缺少水分不良椎間盤）、神經孔狹窄（spinal foramen stenosis）所引起之脊髓（spinal cord）或神經根（nerve root）壓迫（圖 6-20），造成疼痛或功能性障礙現象的出現。而在椎間盤退化之不穩定期出現時，除可發現椎間盤的中性區表現發生異常外，不穩定所造成椎節活動度增加的現象將導致小面關節發生連帶性的退化。再穩定期則是人體所自行朝向新的穩定機制發展的結果，大多伴隨著端板結構硬化或骨刺的產生。而在骨刺因結構不穩定造成受力不正常的情況下不斷增生，以至脊椎活動節段中上下椎體結構靠著骨刺與骨刺間的結合產生骨橋（bone bridging）效應

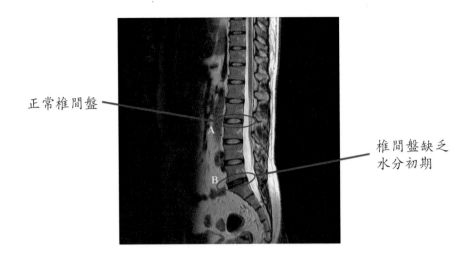

圖 6-19　側面脊椎 CT 影像

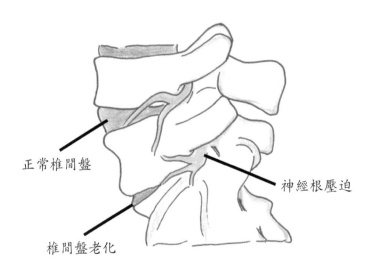

圖 6-20　腰椎椎間盤退化造成神經根壓迫示意圖

而達到自行融合的現象，雖然造成了新的穩定結構，然而此種穩定
已改變了脊椎結構支撐形態、力學傳遞模式等，將使得周邊肌肉、
韌帶等軟組織遭受更大的負擔，提高鄰近的椎節加速退化之風險

[17]，周而復始地惡性循環將嚴重降低患者的生活品質。是故椎間盤退化以保守治療無效，並在臨床診斷上已判定達到具風險的情況下，則進行手術即為必須採取的治療手段。

📖 參考文獻

1. Denis F. The three column spine and its signi?cance in the classi?cation of acute thoracolumbar spinal injuries. Spine. 1983; 8(8): 817-31.

2. Windle WF. The Spinal Cord and Its Reaction to Traumatic Injury: Anatomy, Physiology, Pharmacology, Therapeutics. New York, NY: M Dekker; 1980; xi,384.

3. Dvorak J, Panjabi M, Gerber M, Wichmann W. CT-functional diagnostics of the rotatory instability of upper cervical spine, 1: an experimental study on cadavers. Spine. 1987; 12(3): 197-205.

4. Mimura M, Moriya H, Watanabe T, Takahashi K, Yamagata M, Tamaki T. Three-dimensional motion analysis of the cervical spine with special reference to the axial rotation. Spine. 1989; 14(11): 1135-9.

5. Dvorak J, Hayek J, Zehnder R. CT-functional diagnostics of the rotator instability of the upper cervical spine, part 2: an evaluation on healthy adults and patients with suspected instability. Spine. 1987; 12(8): 726-31.

6. Van Mameren H, Drukker J, Sanches H, Beursgens J. Cervical spine motion in the sagittal plane (I) range of motion of actually performed movements, an X-ray cinematographic study. Eur J Morphol. 1990; 28(1): 47-68.

7. Penning L. Kinematics of cervical spine injury: a functional radiological hypothesis. Eur Spine J. 1995; 4(2): 126-32.

8. Harms-Ringdahl K, Ekholm J, Schuldt K, Nemeth G, Arborelius UP. Load

moments and myoelectric activity when the cervical spine is held in full flexion and extension. Ergonomics. 1986; 29(12): 1539-52

9. White AA 3rd, Johnson RM, Panjabi MM, Southwick WO. Biomechanical analysis of clinical stability in the cervical spine. Clin Orthop Relat Res. 1975; 109: 85-96.

10. Nightingale RW, Camacho DL, Armstrong AJ, Robinette JJ, Myers BS. Inertial properties and loading rates affect buckling modes and injury mechanisms in the cervical spine. J Biomech. 2000; 33(2): 191-7.

11. Nightingale RW, McElhaney JH, Richardson WJ, Best TM, Myers BS. Experimental impact injury to the cervical spine: relating motion of the head and the mechanism of injury. J Bone Joint Surg Am. 1996; 78(3): 412-21.

12. Nightingale RW, Richardson WJ, Myers BS. The effects of padded surfaces on the risk for cervical spine injury. Spine. 1997; 22(20): 2380-7.

13. Lowe TG, Hashim S, Wilson LA, O'Brien MF, Smith DA, Diekmann MJ, Trommeter J. A biomechanical study of regional endplate strength and cage morphology as it relates to structural interbody support. Spine. 2004 ; 29(21): 2389-94.

14. Adams MA, Dolan P. Spine biomechanics. J Biomech. 2005; 38(10): 1972-83.

15. Panjabi MM, White AA. Basic biomechanics of the spine. Neurosurgery. 1980; 7(1): 76-93

16. Panagiotacopulos ND, Pope MH, Krag MH, Block R. Water content in human intervertebral discs. Part I. Measurement by magnetic resonance imaging. Spine. 1987; 12(9): 912-7.

17. Panjabi MM. The stabilizing system of the spine. Part I. Function,

dysfunction, adaptation, and enhancement. J Spinal Disord. 1992; 5(4): 383-9.

18. Panjabi MM. The stabilizing system of the spine. Part II. Neutral zone and instability hypothesis. J Spinal Disord. 1992; 5(4): 390-6.

19. Adams MA, Green TP, Dolan P. The strength in anterior bending of lumbar intervertebral discs. Spine. 1994; 19(19): 2197-203.

20. Hutton WC, Toribatake Y, Elmer WA, Ganey TM, Tomita K, Whitesides TE. The effect of compressive force applied to the intervertebral disc in vivo: A study of proteoglycans and collagen. Spine. 1998; 23(23): 2524-37.

21. Nachemson A, Morris JM. In vivo measurements of intradiscal pressure: discometry, a method for the determination of pressure in the lower lumbar discs. J Bone Joint Surg Am. 1964; 46: 1077-92.

22. Wilke HJ, Neef P, Caimi M, Hoogland T, Claes LE. New in vivo measurements of pressures in the intervertebral disc in daily life. Spine. 1999; 24(8): 755-62.

23. Kostuik JP. Intervertebral disc replacement. Experimental study. Clin Orthop Relat Res. 1997; 4(337): 27-41.

第七章　顧顎關節之生物力學

7.1 顧顎關節解剖結構

顧顎關節（Temporomandibular Joint, TMJ）為一經常使用之關節，亦是整個頭顱區域唯一之可動關節，在日常生活中無論是咀嚼、吞嚥、說話以及微笑都需要配合著顧顎關節來產生作動，是人體重要關節之一。此關節主要由顳骨之下顎窩、下顎骨之骨髁、二者間之關節盤、關節四周之關節囊以及關節韌帶所組成[1-3]，下顎骨解剖學上之構造如下圖 7-1 所示[4-5]：

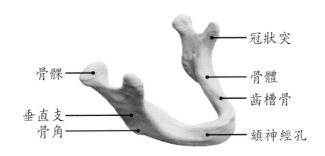

冠狀突
骨髁
骨體
齒槽骨
垂直支
骨角
頦神經孔

圖 7-1　下顎骨幾何構造示意圖

■ 骨髁：與下顎窩形成可動之顧顎關節。

■ 冠狀突：肌群之附著區域以帶動下顎骨運動。

■ 頦神經孔：下唇以及下巴皮膚感覺神經之經過通道。

■ 下顎骨角：影響下臉部之寬度。

■ 下顎骨體：影響下顎之長度。

■ 垂直支：影響臉部後半部之長度。

■ 齒槽骨：承載牙齒立足之牙床區。

顳顎關節能夠提供下顎做三軸方向運動之功能，甚至可以合併這些不同方向之動作進而衍生出前突、後縮、上舉、下降以及左右偏移等複雜之動作，其中上舉與下降之行為是日常生活中講話亦或是進食時最常運用之動作。

下顎骨在作動時，除了受到肌群拉力外同時也受到地球重力之影響。當下顎骨髁沿著橫軸旋轉時，兩側之外翼肌會將骨骼與黏附在其上方之關節盤往顳骨拉近，同時上舌骨肌群同時施予下顎骨向下與向後之力量；下顎之上舉行為則是與下降行為正好相反，將會以顳肌與嚼肌為上舉力量之主要來源，同時顳肌為平常放鬆時維持下顎定位之主要肌肉，內翼肌則是位於骨骼內側，主要為提供下顎骨向上或是向內之拉力，此三種肌肉皆可以提供足夠之咬合力量，使牙齒可進行咀嚼及進食。

由於上述肌群之作用，使得顳顎關節移動方式與人體其它關節明顯不同。在開口動作時，髁狀突會受到外翼肌作用由下顎窩往關節節結移動，且在移動過程中因為上舌骨肌群作用使得髁狀突開始旋轉，因此我們可以得知顳顎關節在移動中同時具備了旋轉與平移的動作，在兩種動作的帶動之下，共可以給予顳顎關節三個方向的自由度。以上敘述可知，於開口時骨髁將會受到外翼肌作用由下顎窩往下移動，且在移動過程中因為上舌骨肌群作用使得骨髁開始產生旋轉，因此可得知顳顎關節可同時產生旋轉與平移之動作，在兩種動作帶動之下可給予顳顎關節帶來三種方向之自由度。

而纖維軟骨位於顳骨顎窩與下顎骨骨髁之中間部位（圖 7-2），它作為一吸收壓力之緩衝介面，並可執行許多複雜之動作 [6-8]。關節盤為一雙凹結構且主要由緻密之纖維結締組織組成，該關節盤之結構上可分成較厚之後壁和較薄之前壁，且當顳顎關節正常運作下，關節盤將藉由一特殊之移動路徑在顳骨與下顎骨之間達到微妙之調和作用（圖 7-3）。

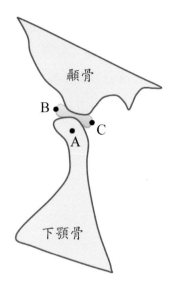

圖 7-2　顳骨、下顎骨以及關節盤之結構關係

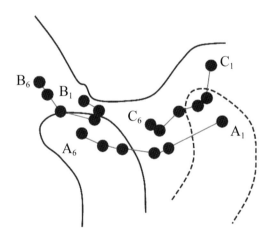

圖 7-3　下顎骨與關節盤於顳顎關節作動時之移動途徑

7.2 顳顎關節之病理學

　　一般顳顎關節產生病變，大多數問題不是產生於顳骨或是下顎骨，而

是纖維軟體發生了變形、異位或是破裂之相關問題,在口作動之同時產生擠壓、碰撞、錯位而產生擠壓及不正常之聲響,嚴重甚至導致關節盤變形,咀嚼時壓迫神經血管,伴隨著疼痛及關節盤穿洞,如圖 7-4 所示即為典型之顳顎關節障礙(TemporoMandibular Joint Disorder, TMD)示意圖 [9-10]。

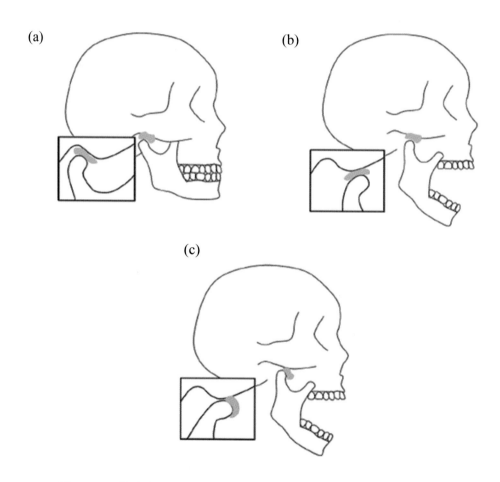

圖 7-4　正常功能之 (a) 閉口咬合、(b) 開口咬合以及 (c) 顳顎關節障礙

顳顎關節障礙可視爲一種複合式之病徵，患者可能會有張口疼痛、張口閉口有不異常響聲、下巴脫臼、張口困難、張口偏斜、脖子酸痛、顳顎肌肉酸痛、肩膀酸痛、咀嚼疼痛、頭痛、耳疼痛以及無法發出聲音等。造成顳顎關節障礙的原因也有很多種，如下所示：

❶ 顏面曾受到重大撞擊或骨折。

❷ 夜間之磨牙。

❸ 長期咀嚼較硬之食物，例如口香糖或魷魚絲等等。

❹ 先天咬合不良。

❺ 先天韌帶鬆弛。

❻ 作息不正常或睡眠品質差。

❼ 緊張或心理壓力導致顏面肌肉長時間無法放鬆。

顳顎關節障礙之病徵是侷限於頭頸部之關節肌肉傷害及疼痛並不會帶來致命之危險。顳顎關節障礙通常爲多因素影響，因此症狀以長時間來觀察可發現變化很大，疼痛減少並不代表完全治療成功，而關節從有異常聲響變成無聲，也可能是關節盤已嚴重變形而關節完全卡死，造成嘴巴無法張開、咀嚼困難、嚴重不舒服 [11-12]。

顳顎關節障礙除了較嚴重之急性疼痛外，通常不需要打針、吃藥也不用開刀，取而代之的是採用關節之矯治、肌肉之復健及針對病因之行爲療法，如肌肉放鬆之訓練、修正不良之動作、生理之回饋及改變生活習慣、紓壓諮商等。治療應是因人而異去創造適合每位患者生活及工作，以達到確實可執行之計畫。而患者也必須有長期治療之耐心與決心，讓人人學會終身自我照顧才能避免病徵再度復發。

顳顎關節之知識主要是由牙醫界開始發展治療，剛開始各研究人員意見並不一致所以造成療法也不統一，近十餘年來因爲研究逐漸充足而建立起治療之標準。但國內從事相關治療之醫護人員仍然太少，因此患者對

顳顎關節障礙之問題仍然沒有深入之了解。因顳顎關節障礙通常唯一複合式之病徵，在診斷和治療上除了必須仰賴牙醫學各分科之合作，如牙齒矯正、假牙修復、口腔外科等等，以下為顳顎關節障礙之相關事項與病徵：

❶ 全身性關節可能會影響顳顎關節，因此必須先掌控全身再來進一步控制顳顎關節。

❷ 肌肉疼痛症狀之患者，常有如憂鬱、焦慮之精神症狀和睡眠之障礙，如不能改善，則不能期待肌肉疼痛症狀得到改善。女性特有之經前症候群、更年期症候群也同時容易產生引響。

❸ 頭痛與神經痛不屬於顳顎關節障礙之範圍，只有關節和肌肉痛才屬本症。超過百分之九十之緊張性頭痛絕大多數與口腔機能異常有關，可用口腔療法加以改善此症狀。

❹ 口腔機能之異常如夜間磨牙以及牙關緊咬時，也同時容易引發頸肩肌肉疼痛。所以必須注意頸椎之神經壓迫問題。

❺ 顳顎關節障礙為壓力相關疾病，常伴有其他相關問題，例如：胃痛。

❻ 如骨架不正，例如：脊椎彎曲、長短腿等等，往往頭頸部姿勢不良，進而造成肌肉負擔與咬合不正之症狀。

❼ 全身性韌帶鬆弛，經常伴隨著心臟二尖瓣脫垂，而顳顎關節盤異位之患者全身性韌帶鬆弛之比率較高。

❽ 對於此病徵耳朵感覺疼痛以及聽力下降是常見之副作用。如果經由耳鼻喉科醫師查無其他病徵，則經由本症治療而同時得到改善，原因是在口腔內調整耳壓之功能。

根據全世界之調查報告表示，33%人有患得顳顎關節肌肉疼痛之經歷，75%人顳顎關節發出異常聲音或是肌肉疼痛，5%人需要接受顳顎關節障礙之治療。

7.3 有限元素分析

電腦輔助分析法已廣泛運用在生醫領域，它可量化目標物在作動時所受之應力情形，此種觀測生物力學行爲被大量被運用在膝關節、髖關節、人工脊椎植入物、人工牙根以及各式醫療器材 [13-14]。因此類似的人體內部關節受力較難使用實際之測量工具直接量測，所以此分析方式即非常適合用來評估人體內各關節與器官相互的作用力 [15]。

首先在臨床上取得健康者與患有顳顎關節障礙患者之 X 光影像，每張 X 光影像之間格採用最精密之設定（0.625 mm），確保重建模型之可信賴性（圖 7-5）。

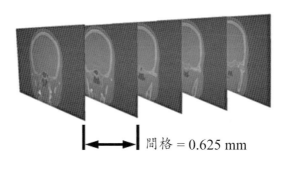

間格 = 0.625 mm

圖 7-5　X 光影像

將三軸影像之 X 光資料匯入影像分析軟體 Avizo 7.0，再利用影像灰階直之差異，以圈選出指定之特殊部分，並將不同部位區分成不同之材料（圖 7-6）。

確認完成所選擇之區塊後使，將此模型利用軟體之工具（去銳角、塡滿、平滑化）加以編輯，使之趨近於眞實之模型結構，最後形成薄殼模型（圖 7-7）。

3D 逆向之模殼模型，將被劃分特徵區域，目的是使之實體化（圖 7-8）。

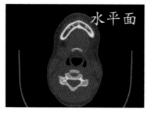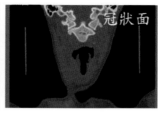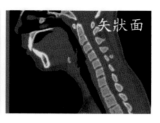

圖 7-6 由灰階值差異圈選出特定部位

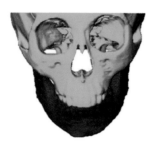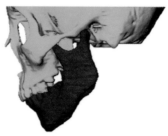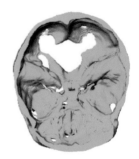

圖 7-7 3D 逆向之薄殼模型

圖 7-8 3D 模型劃分特徵區域

　　完成後之模型如圖 7-9 所示，其模型內部空間將不是空洞，取而代之的是實體之模型，此模型將可以做為有限元素法之模型，在模擬張口閉口之動作時，下顎骨所受之應力將在內部傳遞。

圖 7-9　3D 逆向之實體模型

　　藉由逆向工程之方式將臨床上得到之影像數據藉由電腦重建出模型，並使用有限元素分析軟體 ANSYS Workbench 12.1 針對模型加以分析之，其中關節盤厚度設定為 2 mm，而摩擦係數則設定為 0.01。為了得到最接近真實之模型，對於網格部分將採用收斂與增強重要部分之方法進行模型之網格化，完成後此網格將被定義為可信賴之網格模型 [16-17]，而節點數與網格數大約分別為 33,000 以及 24,000，如圖 7-10 所示。

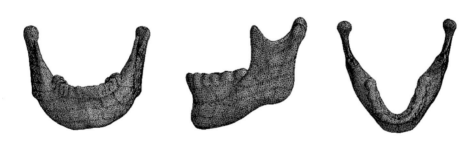

圖 7-10　下顎骨之網格模型

　　另外參數定義部分，無論顳骨或是下顎骨都是由外層包含一層 0.2 mm 之皮質骨而其內部則由海綿骨之材質所構成，根據文獻皮質骨之楊氏係數定義為 1.37×10^4 MPa、普松比為 0.3，而海綿骨之楊氏係數定義為 7.93×10^3 MPa、普松比為 0.3，另外關節盤之材料定義上較為特殊，其為

材料非線性，在關節盤開始受力後，如受力未達 1.5 MPa 時，其楊氏係數為 4.41×10、普松比為 0.4，但其受力超過 1.5 MPa 時，其楊氏係數變更為 9.41×10、普松比為 0.4 如表 7-1 所示 [18-19]。

表 7-1　各材料之機械性質

	楊氏係數（MPa）	普松比
皮質骨	1.37×10^4	0.3
海綿骨	7.93×10^3	0.3
關節盤	4.41×10（受力未達 1.50 MPa）	0.4
	9.41×10（受力超過 1.50 MPa）	0.4

張口與閉口咬合之方面，設定由四條主要之面顎咬合肌來做施力，於閉口時採用三條肌肉分別為嚼肌、顳肌以及內翼肌，另外在張口時則採用外翼肌，以上四條主要之面顎咬合肌之施力參考於先期之文獻，各力量之大小如表 7-2 所示 [20]。

表 7-2　各咬合肌肉之施力

	左側	右側
嚼肌	176.86	161.32
顳肌	104.71	125.80
內翼肌	87.69	79.18
外翼肌	107.67	95.46

單位：牛頓（N）

此試驗主要針對顳骨、下顎骨以及關節盤分成三部分觀察，顳顎作動行為主要分為開口及閉口兩種，而觀察之指標為 von Mises 應力值與受力之對稱性以及將上下顎接觸部位劃分為五大區域 [21] 觀察最大之應力落

於何處（圖 7-11）。

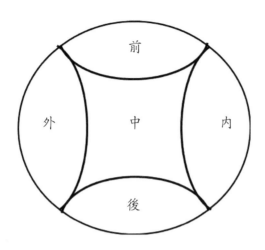

圖 7-11　上下顎接觸部位劃分為五大區域

　　模擬結果顯示患有顳顎障礙之患者無論與張口或閉口時之所受應力值皆大於健康人，於患有顳顎障礙之患者所受之應力值介於 0.29 至 2.79 MPa 之間，圖 7-12 為患有顳顎障礙之患者下顎骨受力示意圖。相較於健康之對照組，患有顳顎關節障礙之患者下顎骨 von Mises 應力在閉口時大約增加 20%，而在張口時關節盤大約增加 45%，而且受力左右也非常不均勻，最大的應力值也幾乎都發現落於外側。

圖 7-12　顳顎障礙患者之下顎骨受力示意圖

　　下顎骨部分，von Mises 應力落於 1.77 至 2.79 區間，於健康組與實驗組之平均受力分別為 2.48 及 2.00 MPa（圖 7-13），疾病組超過 75% 之最大應力落於外側區而正常組則大部分落於中間部分如表 7-3 所示。

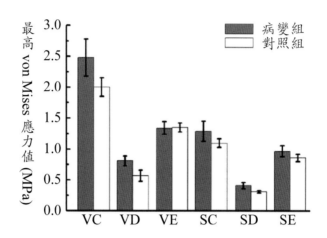

圖 7-13　Von Mises 應力最大值（VC：下顎骨、VD：關節盤、VE：顳骨）、剪應力最大值（SC：下顎骨、SD：關節盤、SE：顳骨）

表 7-3　閉口時應力最大值發生區域（左側／右側）

		疾病組 -1	疾病組 -2	疾病組 -3	健康組 -1	健康組 -2	健康組 -3
Von Mises 應力	顳骨	外／外	外／外	外／外	中／中	中／中	中／外
	關節盤	外／外	中／中	外／外	外／中	中／中	中／外
	下顎骨	外／中	中／中	中／外	中／中	內／中	中／中
剪應力	顳骨	外／中	外／外	外／外	外／中	外／中	中／中
	關節盤	外／中	中／中	外／外	中／中	中／中	中／前
	下顎骨	中／中	中／中	中／前	中／中	外／中	中／中

　　閉口時之關節盤應力範圍從 0.43 到 0.91 MPa，平均應力大約爲 0.70
MPa，此應力範圍爲關節盤可承受支應力。另一方面，從應力分布圖觀
察到健康組之應力分布較疾病組均勻（圖 7-14）。而在顳骨部分，最大之
von Mises 應力從 1.21 至 1.48 MPa，平均應力值爲 1.35 MPa，顳骨在兩組
之間並沒有特別統計上之差別，但就數值觀察到在疾病組受力還是比健康
組稍微大。

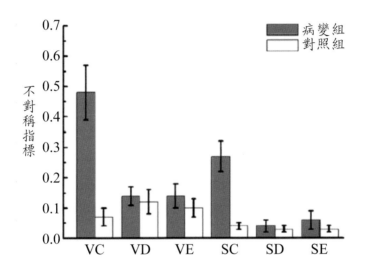

圖 7-14　　應力不對稱指標（VC：下顎骨、VD：關節盤、VE：顳骨）、剪應力
　　　　　　不對稱指標（SC：下顎骨、SD：關節盤、SE：顳骨）

　　圖 7-15 表示開口時下顎骨於疾病組所受之應力大約比健康組大約
30%，最大的差異是在於關節盤，疾病組的應力相較於健康組大兩倍，因
此可以推估顳顎關節障礙症有潛力爲關節帶來不正常之應力集中。另外下
顎骨與關節盤同時也在不對稱指標中發現左右側在疾病組的模型中產生嚴
重不對秤之情形（圖 7-16）。

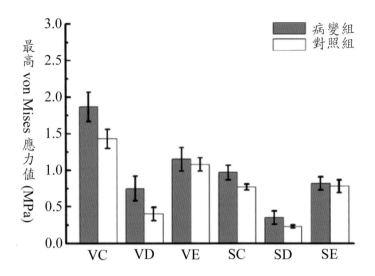

圖 7-15　Von Mises 應力最大值（VC：下顎骨、VD：關節盤、VE：顳骨）、剪
　　　　應力最大值（SC：下顎骨、SD：關節盤、SE：顳骨）

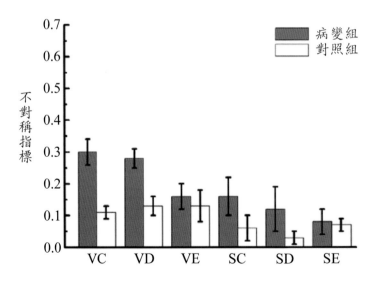

圖 7-16　應力不對稱指標（VC：下顎骨、VD：關節盤、VE：顳骨）、剪應力
　　　　不對稱指標（SC：下顎骨、SD：關節盤、SE：顳骨）

　　從健康組觀察到，可以發現最大之應力值落於中間區域，但表 7-4 顯示有 58.33% 的比例疾病組落於外側區，臨床醫師提供資訊得知此區域為關節盤最易產生破洞之危險區域。

表 7-4　開口時應力最大值發生區域（左側／右側）

		疾病組 -1	疾病組 -2	疾病組 -3	健康組 -1	健康組 -2	健康組 -3
Von Mises 應力	顳骨	外 / 外	外 / 前	外 / 外	外 / 中	中 / 前	中 / 中
	關節盤	外 / 外	外 / 中	外 / 外	中 / 中	中 / 前	中 / 中
	下顎骨	外 / 中	中 / 中	中 / 外	中 / 中	中 / 中	中 / 前
剪應力	顳骨	外 / 前	外 / 外	外 / 外	前 / 外	中 / 中	中 / 中
	關節盤	外 / 中	外 / 中	後 / 外	中 / 中	外 / 中	中 / 中
	下顎骨	外 / 中	中 / 中	中 / 前	中 / 中	外 / 中	中 / 前

　　有限元素分析法已經運用於生醫領域多年，先前文獻在使用此方式廣泛分析顳顎關節，因此有限元素分析法採用電腦程式建構數學模型也被定義為具有被參考價值之方法，最終使結果回饋回臨床上，為臨床上提供各關節及裝置更精確之生醫力學行為。

7.4 治療與手術

7.4.1 咬合板治療

　　咬合板是一種高分子製作之治療工具，套在牙齒上，當有磨牙或牙關咬緊之現象時，對已受傷之顎關節提供支撐，保護已經受傷之顎關節免於繼續受傷，如此就可以使受傷之組織癒合復原 [22-24]。咬合板也可以說是一種平衡器，使牙齒咬合和關節、肌肉三者間保持平衡，當關節盤向前異常平移時，咬合板變成矯正器使關節頭往前移，與已向前異位之關節盤

貼合，可使咬緊時不再壓迫盤後神經與血管。經過一段時間後也可以使受傷之組織癒合（圖 7-17）。

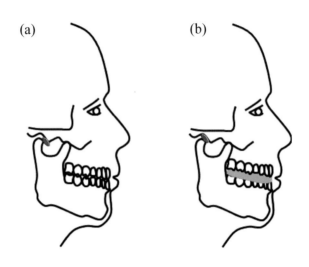

圖 7-17　顧顎關節障礙患者咬合盤 (a) 使用前與 (b) 使用後

咬合板外觀似馬蹄型，厚度約 2-3 mm，以透明壓克力樹脂製成，患者戴在上顎或下顎牙齒咬合面上。咬合板類型可分為：

1. 穩定型咬合板

   可提供一平穩之平面讓對咬牙相互接觸，通常適用於開口程度約在 25 mm 以上，且經臨床醫師診斷為顧顎關節障礙可復位之患者。

2. 復位型咬合板

   適用於開口程度約在 25 mm 以下，且經臨床醫師診斷為顧顎關節障礙但不可復位之患者，一般使用復位型咬合板之治療，經過一段時間後，開口程度大於約 30 mm 以上時，則應立即改用穩定型咬合板至療程完整結束。

咬合板之治療必須在臨床醫師之督導下才可使用。假如欲參加遠行、遷居或其他原因無法持續治療時，請勿在沒有醫師之督導下使用咬合板。另外對於咬合板之收藏方法，才能夠使其乾淨而壽命較長。咬合板不使用時，應儲放在有水之容器內以防止變形。咬合板應使用牙刷或牙膏清潔乾淨以延長其使用壽命 [25-26]。

7.4.2 肌肉放鬆治療

來自於外在之壓力使肌肉緊張或牙關緊咬，此為顎關節及肌肉問題之根本，於是此治療法在於使肌肉可保持放鬆之狀態，避免持續用力過當造成傷害。病患本身應接受放鬆之訓練課程。必要時可配合使用電子之醫療偵測設備使患者可看到自己身體肌肉失力過當之危險訊號，以達到肌肉之放鬆要訣。

7.4.3 物理治療

物理治療可促進血液之循環並減輕肌肉負擔。如熱敷、超音波、雷射以及電氣磁療。但此治癒方式為必須經常性之施行不可間斷才可治療產生效果 [27]。

疼痛、關節異常聲響以及開合阻礙是顳顎關節障礙最常發生之症狀，其中以疼痛影響最大。臨床上，疼痛常常是促使患者就診之主要因素，超音波具有熱效應和非熱效應之雙重作用，其熱效應可以促使局部小血管持久擴張，改善血液循環，加強局部組織代謝過程，加快滲出物之吸收，減輕水腫等等。其非熱效應可以增加免疫，消散急性炎症，同時可以抑制感覺神經的傳導，干擾及阻斷痛覺衝擊之擴散，所以有較好之陣痛效果。

電器磁療亦能促進局部組織之血液循環，加強細胞營養，促進新城代謝，改善局部肌肉之缺血缺氧狀態，有利於肌肉功能之恢復。因此物理治療不僅能明顯達到減輕患者疼痛，更可以改善下顎關節之功能情況，同時具有操作簡單、療效可靠、無創傷性以及患者易接受等優點。

7.4.4 針灸治療

針灸療法是利用針刺進行治療，最早可追朔於新石器時代。根據中國傳統醫學，健康身體取決於一種極其重要之能量，這就是身體中之氣。這種能量存在於全身脈絡中，穴位便坐落在這些脈絡上。當一個器官過渡活躍或是機能減退時，能量的迴圈則變得不正常，經脈當中產生了一個堵塞之處，必須將之打通。所以通過針刺則可以治療病患，使脈絡迴圈恢復正常。針灸治療第一步至少需要45分鐘：深入的瞭解病情，觀察舌苔，臉色，和觸診還有就是中醫特有的方式——診脈，醫生通過這種方法可以瞭解病人身體狀態。針灸理療師利用細針刺激能量通道，使得加強受損組織並重塑和諧。但是同一種病症，病人需要治療之穴位並不一定相同。針灸治療同樣對心理疾病和情感問題具有治療效果，東方醫學一直以來都把這些問題與身體疾病聯繫在一起，因為無論是壓力、悲傷或是憤怒都會使得出現身體循環不平衡之狀態。這種減緩痛苦之治療已經得到了反復驗證。

顳顎關節障礙的病因複雜，至今尚不完全明確，一般包括下列幾種因素：神經衰弱、神經功能失調、咬合關節紊亂、其他如兩側關節發育不對稱、單側咀嚼習慣造成關節負荷過大以及意外損傷等。以中醫角度看來，顳顎關節障礙由風、寒、濕三邪侵入造成，上至牙關導致筋絡不通，氣血凝滯而發生。針灸療法是用一次性針灸在非病痛區域的皮下結締組織進行治療，產生微小刺痛但無副作用、見效快、適應症廣等優點。如圖 7-18 為在顳顎關節附近之穴位示意圖。

7.4.4 生活習慣修正

生活習慣例如吃飯咀嚼、嘴唇緊咬、姿勢不正以及夜間磨牙等等，可能帶給關節及肌肉過大之壓力，治療方法從自身強迫養成新習慣來保護顳顎關節。半夜睡眠時容易導致牙關緊咬或磨牙現象，容易導致早晨起床時，造成頭頸緊繃、張口困難以及不正常之酸痛，此情況可在睡前做好完

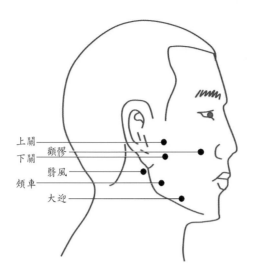

圖 7-18　顳顎關節附近之穴位示意圖

上關：耳聾、耳鳴、偏頭痛、上牙痛、面神經麻痺。
顴髎：面神經麻痺、三叉神經痛、牙痛。
下關：面神經麻痺、牙痛。
翳風：耳聾、耳鳴、下顎腫痛、面神經麻痺。
頰車：面神經麻痺、牙痛、下顎關節緊閉。
大迎：面神經麻痺、牙痛、下顎腫痛、面部浮腫。

善之睡眠準備 [28-29]。

7.4.5 正顎手術

　　手術是一種侵入式的治療方式，臨床上通常會嘗試以上四種非侵入式之治療方式，當以上治療無法為病患解除病痛之情況下，此種侵入式之治療方式才會被考慮，此治療目的是為了修正顎部及臉部之構造或改善睡眠中止症、顳顎關節功能障礙以及骨骼問題導致之咬合不正，或其他不易以矯正器完成之齒列矯正所施行之手術。針對不同的病徵選擇不同的方式來治療，通常做法需要把面顎骨切開去除部分組織或是放入人工金屬填充，再使用骨板及骨釘接合之 [30-31]，以此方式可以改變下顎骨之幾何構造以達到咬合之改善，並可以同時調整顳顎關節整體結構（圖 7-19）。

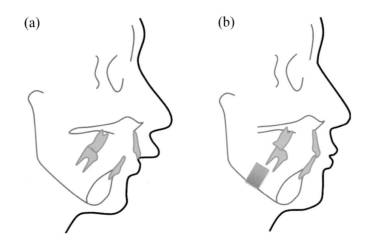

圖 7-19　正顎手術 (a) 手術前與 (b) 手術後示意圖

　　通常正顎手術主要是由顱顎手術外科醫生執行，而且大部分將會配合齒列矯正進行，齒列矯正之程序包括在術前及術後配戴矯正器以及最後治療完成後，卸下矯正器之後配戴維持器之過程，齒列矯正師及外科醫師之間之配合，將可以確保術後牙齒能夠達到精確之咬合。以往整型醫師及耳鼻喉科醫師也可執行此種手術，但基於這些人只有受過有限的牙醫訓練之緣故，目前多數之正顎手術還是會由顱顎手術外科醫生負責完成。完成手術後通常會造成患者臉部顯著之改變，因此也會需要運用心理測驗以評估手術對患者長期之影響。拍攝 X 光照片可對手術規劃帶來幫助，也有一些電腦輔助分析軟體可以預測出患者術後外觀之改變，這對於術前規劃及向患者及其家屬解釋此項手術都有正面之幫助，而先進之電腦軟體甚至可以提供患者在術前即可看到模擬之術後結果。

　　正顎手術可能在同樣步驟內對單邊或雙邊顱顎關節施作，先切開上顎、下顎或是雙顎之關節骨，接著再將切開後之斷骨重組至需求位置後，即完成手術。通常全身麻醉是此手術不可或缺之條件，並且會於鼻部使用

氣管內插管，好處是可在手術中使用用鋼線將牙齒全部綁在一起固定，手術過程中也不須切開外表之皮膚，可從口腔內部執行並完成手術。把骨頭切開的做法稱做切骨手術，如果同時對上、下顎施行這項手術，則稱做雙顎切骨手術。傳統上切開骨頭之方法是使用特殊之醫用電鑽、電牙鑽或是手工骨鑿。近期發展出一種以超音波切開骨頭之機器已經在臨床上大量地被採用。

　　在手術中，會使用顎間固定法將顎部用不鏽鋼線綁起來，這是為了確保切開後之骨頭能夠精確重組。在手術後，大部分患者在清醒之前鋼線就會被拆卸，但如果醫生對其固定之情形判斷為不理想，可能會考慮保持顎部被綁緊之狀態。但如果使用新型之骨板，這可將術後需要用鋼線綁住顎部之狀態縮短數周之時間。雖然有的外科醫生為了確保骨頭能夠良好癒合，還是會採用鋼線綁住顎部之方法，不過已經較為少見。正顎手術會產生一些併發症如：腫脹、出血、噁心、感染以及嘔吐等等，也有可能因為神經受損之關係，臉部會出現一些暫時性之麻痺症狀，但在極少數之情況下，也可能造成永久性之麻痺。所以此手術因人而異出現併發症之機率不大，但少部分還是會出現某些不良影響之併發症。有時術後也會需要配合進行根管治療，尤其是在對上顎執行切骨之手術。假如手術是施作在顴骨之部位，那麼可能會改變患者鼻部之外觀，但只要外科醫生細心之規劃手術並且精確執行，其發生率不大 [32-34]。

　　在正顎手術施作完畢後，病患通常被規定只能吃全流質之食物，一段時間後，才可漸漸吃軟質之食物，最後才可吃硬質之食物，因為術後之飲食在痊癒過程中相當重要，食慾之減低以及流質飲食之影響，患者體重劇降是很常見之狀況，不過這也是可能避免之情況。一般來說，復原期依照手術大小不等，可能從幾週甚至到一年不等。手術中，疼痛可能會因為神經受損及欠缺知覺而變輕並配合醫生開止痛劑及預防性抗生素給患者。通

常外科醫生在術後會推薦病患租用一種專業之機器，透過在臉部放置冷水循環墊以達到消腫之目的。在術後幾週內，腫脹情況會消失，但有些可能會持續維持一段時間。在術後外科醫生爲了檢查癒合及有無感染之情況，並確定骨頭位移情形，將會密切觀察患者一段時間，其病情穩定後觀察頻率才會逐漸降低。如外科醫生並不滿意骨頭癒合情形，可能會建議實施二次手術來改善狀況，所以在外科醫生對癒合之狀況判定正常以前，避免任何之咀嚼或不當之咬合動作是非常重要的。

7.5 全人工顳顎關節

95% 之患者可經由傳統非侵入式之治療獲得改善，但仍有大約 5% 之患者須經由手術治療才可以得到治癒。目前常見侵入式之手術有關節穿刺術、關節盤切除術、關節內視鏡術以及關節置換術。其中關節置換術是確認所有手術都無法治癒後才可執行之最後手段。

關節置換術有分爲兩種，第一種爲自體移植，第二種爲異質移植，兩種方式各有其優缺點，需觀察病患情況而給予適合之治療方式。自體移植置換手術是指從病患身上取自身骨頭來重建顳顎關節，其優點爲不容易產生排斥現象，但缺點爲施行手術時，必須要將兩骨頭組織準確接合，以避免組織壞死。異質移植之關節置換手術是將生醫級金屬之人工顳顎關節移至病患顳顎關節處以重建關節（圖 7-20）。

其優勢爲手術時間較快，術後也可以馬上施行復健運動。但是長期使用下相較於自體移植觀察到，人工金屬之顳顎關節因沒有生命性而具有磨耗與疲勞破壞之風險，尤其其應力容易集中於第一顆之螺絲上，其人工顳顎關節容易從此處產生金屬破壞（圖 7-21）。

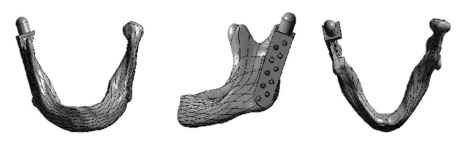

圖 7-20　　人工顳顎關節示意圖

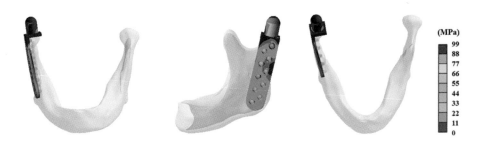

圖 7-21　　紅色區域表示人工顳顎關節應力集中處

下列幾種狀況時，建議優先考慮使用人工關顳顎關節：

❶顳顎關節曾異體植入且含有聚四氟乙烯（PT）、丙烯酸或骨水泥者。

❷具有感染或骨吸收之顳顎關節病變者。

❸結締組織或自身免疫性疾病，例如：類風濕性關節炎、牛皮癬、關節炎、硬皮病、紅斑狼瘡、僵直性脊椎炎者。

❹顳顎關節先天性缺乏結構或外傷缺損結構或先天性畸形者。

❺腫瘤已蔓延至顎窩或骨髁區域者。

　　人工顳顎關節可分成兩種，第一種是部分人工顳顎關節，而第二種是全人工顳顎關節，視病患情況不同而給予適合之置換方式。部分人工顳顎關節是指僅更換人工之顎窩部位或者骨髁部位。另外全人工顳顎關節是指

整個顳顎關節全部都採用人工金屬替代 [35-36]。從 1960 年代起，全人工顳顎關節就被當作正式之治療方式，但是一般民眾對於人工顳顎關節之了解仍相當少，直到 1974 年，才出現第一篇介紹詳細之人工顳顎關節論文。長時間之發展與研究之下，許多醫療器材公司漸漸發表自家生產之人工顳顎關節之優勢，但是這些人工顳顎關節在設計上有共同之缺點，他們都限制了下顎骨之位移能力以及隨之而來之應力集中問題始終無法得到改善。

　　一直到了 1998 年底，通過美國 FDA 許可之全人工顳顎關節共有三家，此三家公司所生產之全人工顳顎關節在形狀及材料使用上皆不盡相同，但相同的是在臨床上皆證實三家全人工顳顎關節具有優良之治療效果，無論是在主觀上之頭痛評比方面或者是客觀上之功能性評估方面都具有七成以上之療效。

　　顳顎關節為人體最重要關節之一，除非嚴重之顳顎關節病變則應以保留自身之人工顳顎關節為優先考量，對於顳顎關節置換物材料與手術後周邊骨質改變之選用與觀察非常重要。因顳顎關節擁有多種複雜之咬合模式，會造成人工顳顎關節植體對周邊骨質應力與應變之影響 [37-38]，因此在使用前評估使用應力與應變為評估人工顳顎關節置換手術之重要指標，以及評估人工顳顎關節置換手術後，周圍骨質重塑之生物力學行為。

　　但若是嚴重退化性或吸收性關節疾病經過保守性之治療後，若病人仍有功能上之障礙導致影響日常生活者，則可考慮人工顳顎關節置換。而人工顳顎關節置換除了可以修復失去之顳顎關節，也可用於不良之咬合以及顏面部不良外形之患者；反之，人工顳顎關節置換手術並不適用於成長中之幼童病患以及受到感染之顳顎關節，對於此類病患可考量使用自體骨之骨移植手術以取代原有之關節。

📖 參考文獻

1. Wilkes CH. Internal derangements of the temporomandibular joint. Pathological variations. Archives of otolaryngology--head & neck surgery, 1989. 115(4): 469-477.

2. Tasaki MM and Westesson PL. Temporomandibular joint: diagnostic accuracy with sagittal and coronal MR imaging. Radiology, 1993. 186(3): 723-729.

3. Nitzan DW, Franklin DM, and Martinez GA. Temporomandibular joint arthrocentesis: A simplified treatment for severe, limited mouth opening. Journal of Oral and Maxillofacial Surgery, 1991. 49(11): 1163-1167.

4. Yaillen DM, Shapiro PA, Luschei ES, and Feldman GR. Temporomandibular joint meniscectomy - Effects on joint structure and masticatory function in Macacafascicularis. Journal of Maxillofacial Surgery, 1979. 7(0): 255-264.

5. Widmalm SE, Westesson PL, Brooks SL, Hatala MP, and Paesani D. Temporomandibular joint sounds: Correlation to joint structure in fresh autopsy specimens. American Journal of Orthodontics and Dentofacial Orthopedics, 1992. 101(1): 60-69.

6. Katzberg RW, Westesson PL, Tallents RH, and Drake CM. Anatomic disorders of the temporomandibular joint disc in asymptomatic subjects. Journal of Oral and Maxillofacial Surgery, 1996. 54(2): 147-153.

7. Scapino RP. Histopathology associated with malposition of the human temporomandibular joint disc. Oral Surgery, Oral Medicine, Oral Pathology, 1983. 55(4): 382-397.

8. Kurita K, Westesson P-L, Yuasa H, Toyama M, Machida J, and Ogi N.

Natural Course of Untreated Symptomatic Temporomandibular Joint Disc Displacement without Reduction. Journal of Dental Research, 1998. 77(2): 361-365.

9. Tasaki MM, Westesson PL, Isberg AM, Ren YF, and Tallents RH. Classification and prevalence of temporomandibular joint disk displacement in patients and symptom-free volunteers. American Journal of Orthodontics and Dentofacial Orthopedics, 1996. 109(3): 249-262.

10. Murakami KI, Segami N, Fujimura K, and Iizuka T. Correlation between pain and synovitis in patients with internal derangement of the temporomandibular joint. Journal of Oral and Maxillofacial Surgery, 1991. 49(11): 1159-1161.

11. Cheng HY, Peng PW, Lin YJ, Chang ST, Pan YN, Lee SC, Ou KL, and Hsu WC. Stress analysis during jaw movement based on vivo computed tomography images from patients with temporomandibular disorders. International Journal of Oral and Maxillofacial Surgery, 2013. 42(3): 386-392.

12. Montgomery MT, Gordon SM, Van Sickels JE, and Harms SE. Changes in signs and symptoms following temporomandibular joint disc repositioning surgery. Journal of Oral and Maxillofacial Surgery, 1992. 50(4): 320-328.

13. Isacsson G, Isberg A, Johansson AS, and Larson O. Internal derangement of the temporomandibular joint: Radiographic and histologic changes associated with severe pain. Journal of Oral and Maxillofacial Surgery, 1986. 44(10): 771-778.

14. Beek M, Koolstra JH, van Ruijven LJ, and van Eijden TMGJ. Three-dimensional finite element analysis of the human temporomandibular joint disc. Journal of Biomechanics, 2000. 33(3): 307-316.

15. Tanaka E, Rodrigo DP, Tanaka M, Kawaguchi A, Shibazaki T, and Tanne K. Stress analysis in the TMJ during jaw opening by use of a three-dimensional finite element model based on magnetic resonance images. International Journal of Oral and Maxillofacial Surgery, 2001. 30(5): 421-430.

16. DeVocht JW, Goel VK, Zeitler DL, and Lew D. A study of the control of disc movement within the temporomandibular joint using the finite element technique. Journal of Oral and Maxillofacial Surgery, 1996. 54(12): 1431-1437.

17. Chen J and Xu L. A finite element analysis of the human temporomandibular joint. Journal of biomechanical engineering, 1994. 116(4): 401-407.

18. Beek M, Koolstra JH, Van Ruijven LJ, and Van Eijden TMGJ. Three-dimensional Finite Element Analysis of the Cartilaginous Structures in the Human Temporomandibular Joint. Journal of Dental Research, 2001. 80(10): 1913-1918.

19. Cheng HY, Chu KT, Shen FC, Pan YN, Chou HH, and Ou KL. Stress effect on bone remodeling and osseointegration on dental implant with novel nano/microporous surface functionalization. Journal of Biomedical Materials Research Part A, 2013. 101A(4): 1158-1164.

20. Donzelli PS, Gallo LM, Spilker RL, and Palla S. Biphasic finite element simulation of the TMJ disc from in vivo kinematic and geometric measurements. Journal of Biomechanics, 2004. 37(11): 1787-1791.

21. Tanaka E, Tanne K, and Sakuda M. A three-dimensional finite element model of the mandible including the TMJ and its application to stress analysis in the TMJ during clenching. Medical Engineering & Physics, 1994. 16(4): 316-322.

22. Hu K, Radhakrishnan P, Patel RV, and Mao JJ. Regional Structural and Viscoelastic Properties of Fibrocartilage upon Dynamic Nanoindentation of the Articular Condyle. Journal of Structural Biology, 2001. 136(1): 46-52.

23. Hu K, Qiguo R, Fang J, and Mao JJ. Effects of condylar fibrocartilage on the biomechanical loading of the human temporomandibular joint in a three-dimensional, nonlinear finite element model. Medical Engineering & Physics, 2003. 25(2): 107-113.

24. Gray RJ, Davies SJ, Quayle AA, and Wastell DG. A comparison of two splints in the treatment of TMJ pain dysfunction syndrome. Can occlusal analysis be used to predict success of splint therapy? Br Dent J, 1991. 170(2): 55-58.

25. Lederman KH and Clayton JA. Patients with restored occlusions. Part III: The effect of occlusal splint therapy and occlusal adjustments on TMJ dysfunction. The Journal of Prosthetic Dentistry, 1983. 50(1): 95-100.

26. Danzig WN and Van Dyke AR. Physical therapy as an adjunct to temporomandibular joint therapy. The Journal of Prosthetic Dentistry, 1983. 49(1): 96-99.

27. Aydin MA, Kurtay A, and Çelebiog⁻lu S. A Case of Synovial Chondromatosis of the TMJ: Treatment Based on Stage of the Disease. Journal of Craniofacial Surgery, 2002. 13(5): 670-675.

28. Schiffman E, Fricton, Haley D, and Shapiro B. The prevalence and treatment needs of subjects with temporomandibular disorders. The Journal of the American Dental Association, 1990. 120(3): 295-303.

29. Paesani D, Westesson PL, Hatala MP, Tallents RH, and Brooks SL. Accuracy of clinical diagnosis for TMJ internal derangement and arthrosis. Oral

Surgery, Oral Medicine, Oral Pathology, 1992. 73(3): 360-363.

30. Moses JJ and Poker ID. TMJ arthroscopic surgery: An analysis of 237 patients. Journal of Oral and Maxillofacial Surgery, 1989. 47(8): 790-794.

31. Sanders B. Arthroscopic surgery of the temporomandibular joint: Treatment of internal derangement with persistent closed lock. Oral Surgery, Oral Medicine, Oral Pathology, 1986. 62(4): 361-372.

32. Valentini V, Vetrano S, Agrillo A, Torroni A, Fabiani F, and Iannetti G. Surgical Treatment of TMJ Ankylosis: Our Experience (60 Cases). Journal of Craniofacial Surgery, 2002. 13(1): 59-67.

33. Donlon WC and Moon KL. Comparison of magnetic resonance imaging, arthrotomography and clinical and surgical findings in temporomandibular joint internal derangements. Oral Surgery, Oral Medicine, Oral Pathology, 1987. 64(1): 2-5.

34. Manemi RV, Fasanmade A, and Revington PJ. Bilateral ankylosis of the jaw treated with total alloplastic replacement using the TMJ concepts system in a patient with ankylosing spondylitis. British Journal of Oral and Maxillofacial Surgery, 2009. 47(2): 159-161.

35. Chu KT, Cheng HY, Pan YN, Chen SY, and Ou KL. Enhancement of biomechanical behavior on osseointegration of implant with SLAffinity. Journal of Biomedical Materials Research Part A, 2013. 101A(4): 1195-1200.

36. Guarda NL, Manfredini D, and Ferronato G. Total temporomandibular joint replacement: A clinical case with a proposal for post-surgical rehabilitation. Journal of Cranio-Maxillofacial Surgery, 2008. 36(7): 403-409.

37. Mishima K, Yamada T, and Sugahara T. Evaluation of respiratory status and mandibular movement after total temporomandibular joint replacement

in patients with rheumatoid arthritis. International Journal of Oral and Maxillofacial Surgery, 2003. 32(3): 275-279.

38. Heffez L, Mafee MF, Rosenberg H, and Langer B. CT evaluation of TMJ disc replacement with a proplast-teflon laminate. Journal of Oral and Maxillofacial Surgery, 1987. 45(8): 657-665.

第八章　生物力學之臨床應用範例

8.1 關節臨床應用

8.1.1 人工髖關節臨床應用

1. 人工髖關節主要型式

目前人工關節形式主要依據英國 Charnley 爵士的設計理念，大部分爲金屬對聚乙烯的組合模式，使不少關節疾患病人得以減輕疼痛，關節功能明顯改善。人工髖關節因爲是取代原有壞死的關節部分，它的組成可分成四大部分：髖臼外帽、髖臼內襯、股小球及股骨柄，依其設計及使用目的之不同，大致可分爲三種主要類型，第一類是全人工髖關節，一組全人工髖關節通常包含以下幾個主要元件：髖臼部分的金屬背襯元件（metal backing）及髖臼杯元件（acetabular cup），股骨部分的股骨球頭元件（femoral head）及股骨柄元件（stem）。其次是單極式半人工髖關節，第三類是雙極式半人工髖關節（圖 8-1）。因此人工髖關節在取代原有的關節後，它必須有三個自由度活動而且必須承受最少四倍的體重，因此它與原有骨幹的結合就十分重要，近年來對於關節成形術的改良，大多集中於植入物的設計上，設計上持續改良的重點分爲兩部分，一是股骨柄，另一部分是髖臼背襯植入物。

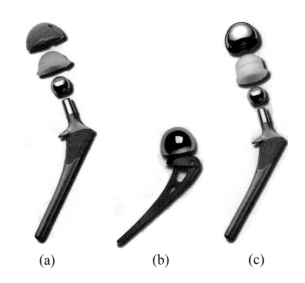

圖 8-1　人工髖關節形式：(a) 全人工髖關節；(b) 單極式半人工髖關節；(c) 雙極
式半人工髖關節（聯合骨科器材股份有限公司，台北，台灣）。

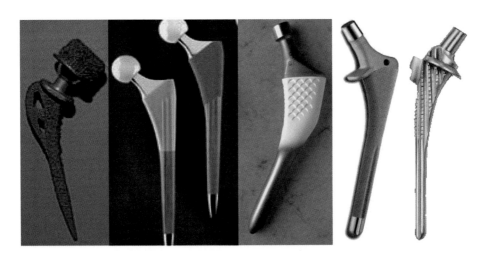

圖 8-2　各種形式人工髖關節股骨元件

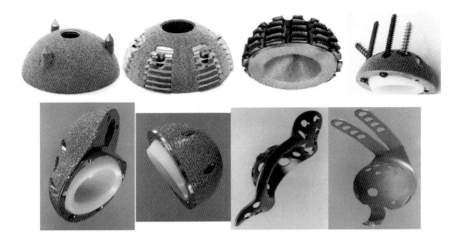

圖 8-3　各種形式人工髖關節髖臼元件

2. 人工髖關節設計之生物力學

人工髖關節的穩定設計及生物力學的重點在於大小尺寸、力量的傳遞、摩擦效應及運動模式，如何將自髖臼傳下的力量經由股小球傳至股骨柄，再傳至近端的股骨，需要有良好的股骨柄幾何設計，使股骨柄和股骨近端的骨幹充分密合，除此之外如果能讓遠端的股骨柄，也能在植入手術後的初期扮演初期固定的角色，就能讓股骨柄更能長期的穩定，但這必須在尺寸數及手術時間及成本上取得平衡點。人工髖關節設計主要特徵可參考圖 8-4，包括頸幹角、球頭支距、骨介面特徵等參數。

⑴ 頸幹角（股骨頸—股骨幹之夾角）

股骨頸—股骨幹之夾角以 Noble 等人 [1] 的量測約在 117°～141° 之間，此設計角度越大，則人工關節置換後的活動範圍會增加，然而若活動範圍過大，會容易造成人工髖關節卡擊（impingement）的情形。

⑵ 球頭支距（股骨頸的偏移量）

球頭支距指的是球頭與頸幹結合後，其球心與頸幹軸水平距離。大部分進行髖關節置換的病人皆有肌肉鬆弛的現象（圖 8-5(a)），而球頭支距（offset）的增加（圖 8-5(b)）可有效增加外展肌群力臂，使外展肌群在同樣的施力時，能對髖關節產生更大的力矩，且軟組織張力的增加，可使髖關節更穩定，降低置換後髖關節脫臼的發生機率。外展肌力臂增加之後，在相同的動作之下，肌肉施力相對減少，對關節造成的力量因此降低，進而可降低襯墊之磨耗量。Sakalkale 等人 [2] 對 17 名患者的雙側人工全髖置換術進行隨訪以比較雙側聚乙烯磨損的差異。患者雙側所應用人工關節的唯一差別是偏心距（offset）不同，即患者一側使用標準股骨偏心距人工關節，而另一側則使用外置式大偏心距人工關節。平均隨訪時間為 5.7 年。其餘影響聚乙烯磨損的因素例如雙側人工關節的隨訪時間、股骨頭大小、股骨頭類型、髖臼大小和傾角、髖臼的內置程度（medialization）以及與患者本人相關的因素皆類似。結果發現在標準偏心距一側磨損率為 0.21 mm/ 年，大偏心距側為 0.10 mm/ 年。可見，大偏心距人工關節更能恢復術前的正常解剖位置，因而大大降低了聚乙烯磨損。

⑶ 骨介面表面處理

除了人工髖關節的大小尺寸設計之外，與骨介面固定方式也是促使人工關節穩定與否的重要因素之一。在股骨柄元件部分，有幾種固定方式，例如使用骨水泥（聚甲基丙烯酸甲酯）固定，研究結果指出最佳骨水泥的厚度在近端約為 2 mm，在遠端約在 3～7 mm 範圍之間 [3]，若是骨水泥厚度太薄，則可能會造成骨水泥裂開。

另外一種固定方式稱之爲生物型固定，主要包括以金屬珠堆疊產生孔隙，使骨質生長進入孔隙中而長久附著的生物固定法；或是鈦漿噴塗於表面之後，再結合氫氧基磷灰石（Hydroxyapatite, HA）塗層增加生物相容性，引導骨頭生長。目前較爲新進的生物型固定包括鈦網絲（Mesh）燒結於近端股骨或髖臼背襯表面或是結合鉭金屬（Ta）來促進骨長入。

在一些臨床報導中，如 Schmale 等人 [4] 在四年短期追蹤的臨床研究顯示，使用 PMMA 噴層處理的人工股骨幹，加上所謂的第三代先進的骨泥加壓技術，仍會產生高比率的鬆動及再置換率。一般而言，採用骨水泥固定方式之人工髖關節，其臨床結果的差異較大，在手術初期可達到不錯之結果，然而在長期之結果可能會因爲骨水泥產生裂縫，而使得人工關節產生鬆脫。而非骨水泥固定方式之股骨柄在長期有較佳之臨床結果，適合用在骨質佳或年輕族群。

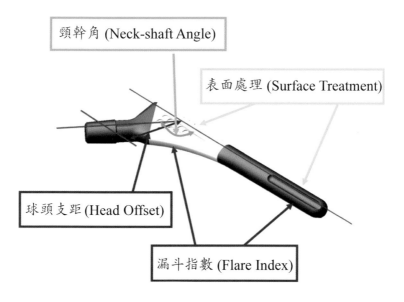

圖 8-4　人工股骨柄元件重要設計特徵參數

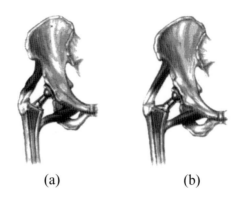

(a)   (b)

圖 8-5　股骨頸偏移量增加使得肌肉軟組織張力變大，增加髖關節穩定度。(a) 為髖關節置換後肌肉鬆弛，(b) 為股骨頸偏移量增加後使肌群力臂增加，使髖關節更穩定。

8.1.2 人工膝關節臨床應用

1. 人工膝關節設計及其元件分類

退化性關節炎是目前置換人工關節最常見的病因。關節炎較嚴重時，關節軟骨會嚴重磨損破壞，甚至出現變形，導致疼痛與功能受限而影響生活起居，嚴重變形時保守治療多半成效不彰，置換人工膝關節是最佳的選擇。人工關節置換後，多數病患的疼痛可以減輕甚至完全解除，關節功能也可明顯改善。

市面上已使用的關節元件種類有數百種，以類型上分類可分為單髁式人工膝關節（Unicompartmental knee arthroplasty）及全人工膝關節（Total knee Arthroplasty）（圖 8-6）；常見的全人工膝關節元件，主要可分成股骨元件、脛骨元件及髕骨元件等三部分（圖 8-7）；在脛骨元件處，又可分為全聚乙烯襯墊（All polyethylene）及具金屬背襯（Metal-backed）兩類（圖 8-8）；若以脛骨元件鎖合機構區分，固定方式可分固定式襯墊（Fixed bearing）及可活動式襯墊（Mobile bearing）兩種（圖 8-9）。在功能上，若以十字韌帶切除或表留與否可分爲後十字保留型及取代型（圖 8-10）。

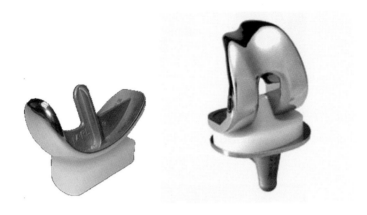

圖 8-6　單髁式人工膝關節及全人工膝關節（U2 Knee System, United Orthopedic Corp., Taipei, TAIWAN）。

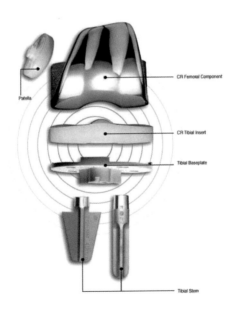

圖 8-7　全人工膝關節及其元件（股骨元件、脛骨元件及髕骨元件）（UKnee System, United Orthopedic Corp., Taipei, TAIWAN）。

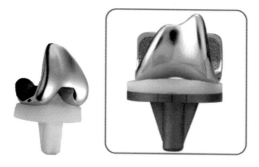

圖 8-8　脛骨元件分為全聚乙烯襯墊及具金屬背襯（U2 Knee System, United Orthopedic Corp., Taipei, TAIWAN）兩種形式。

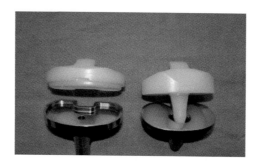

圖 8-9　脛骨元件活動方式可分固定式襯墊及可活動式襯墊

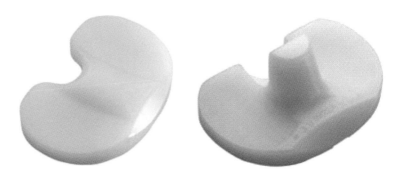

圖 8-10　後十字保留型（左）及取代型（右）脛骨襯墊（U2 Knee System, United Orthopedic Corp., Taipei, TAIWAN）。

2. 全人工膝關節置換生物力學

⑴ 股骨元件

股骨元件上可包括兩個關節面即脛股骨關節和髕股骨關節，因此設計股骨元件時宜多加考量。其幾何外形可考量人體關節的構造、形狀和功能表現。爲了避免元件置入位置不當或是內外翻時常會引起單髁受力而加快元件的磨損，其股骨元件的幾何外形以及接觸面設計相當重要。元件在冠狀面上的接觸形態以曲面接觸爲考量。於矢狀面上可爲多曲率設計（圖8-11），可幫助病患置換後獲得平滑的關節活動。此外，元件間的曲面設計則應考量尺寸互換性，方便搭配。爲了減少髕骨元件發生半脫位的機會，髕骨滑槽外側髁需略高於內側髁，溝槽應保持寬而深。髕骨滑槽則不宜太陡峭，可幫助髕骨在股骨元件前側與遠端之間的平滑移動，並且達到穩定和較高的接觸面積。滑槽在冠狀面上宜保有5°～7°的外傾角度。另外，針對高屈膝的需求，宜延伸髕骨滑槽至最深處，順應髕骨在高彎曲角度能保持髕骨與股骨元件的高接觸面積。

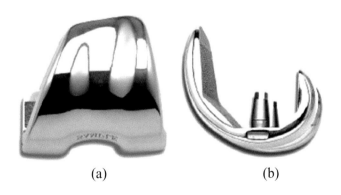

(a)　　　　　　　　　(b)

圖8-11　股骨元件示意圖：(a) 前視圖（冠狀面）；(b) 側視圖（矢狀面）（UKnee System, United Orthopedic Corp., Taipei, TAIWAN）。

⑵ 脛骨元件

脛骨元件（圖 8-12）關鍵設計在於聚乙烯襯墊與金屬股骨元件的接觸面設計。且在不增加關節拘束下可以提供滿意的高接觸面積為佳。Liau 等人的研究 [5] 曾指出，股骨元件與脛骨襯墊接觸面為曲面對曲面（curve-on-curve）相較於曲面對平面（curve-on-flat）能有更好的接觸特性可降低因為元件置入不當而產生的應力集中的危險。此外，聚乙烯元件的厚度建議至少需有 8 mm 以上的厚度 [6]，避免聚乙烯元件過度磨損。另外，聚乙烯元件的背側磨損是一個新發現的臨床問題 [7]，背側磨耗的發生原因是襯墊與金屬背襯接觸面間在關節運動時產生微小位移，於長時間使用下恐增加磨屑產生或造成襯墊脫離。因此，對於襯墊以及金屬背襯間的鎖合機構必須額外考量其固定的強度，減少微運動發生，以避免長時間使用後產生背側磨損的危險。此外，在 Ma 等人的臨床研究結果顯示 [8]，良好設計的全聚乙烯脛骨元件設計仍有很好的長期臨床結果。針對年紀較大且活動量少的病患，建議可選擇使用全聚乙烯脛骨元件。

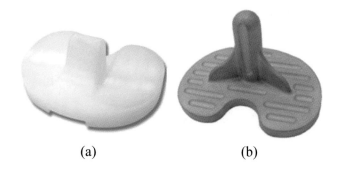

(a)   (b)

圖 8-12　脛骨元件示意圖，包括：(a) 聚乙烯襯墊以及 (b) 金屬基座（UKnee System, United Orthopedic Corp., Taipei, TAIWAN）。

⑶髕骨元件

髕骨於膝關節運動時會有長距離的滑動，且可能伴隨翻轉動作（tilting），所以髕骨元件外形設計以及與髕骨間的固定是主要考量之處。在幾何設計中，則可分類為圓頂式（Dome shape）及解剖構造式（Anatomic shape）兩類。解剖式設計雖與滑槽的接觸面積大，但置入元件若有錯位情況，容易產生應力集中情況。人工關節置換後，因為股骨元件與髕骨元件的接觸表面已改變，設計可不考量人體解剖構造之設計形式（若不置換髕骨元件者，其股骨元件的滑槽宜考量為解剖形態）。對於圓頂式設計，在手術時髕骨元件不需要旋轉對位，可增加手術時的便利性。幾何外形採圓頂式設計，搭配所設計匹配的股骨滑槽將可預期有良好的臨床結果（圖8-13）。

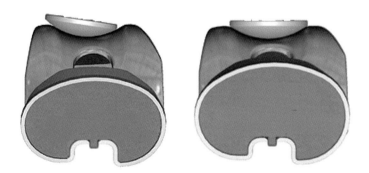

圖8-13　圓頂式髕骨元件接觸面需與股骨滑槽在活動過程（彎曲—伸直）中吻合。

除了全人工膝關節元件設計需考量之外，正確的元件置入位置以及關節軟組織的平衡更是成功人工膝關節置換的必備條件。因此，除了關節元件的外形設計與功能性考量外，完善且方便使用的手術器械將更可以幫助骨科醫師容易進行置換並且正確

的置入關節元件，進而提供置換成功率以及元件的長期使用壽命。

8.2 脊椎臨床應用

在過去的幾十年間，對於下背痛和腰椎疾病起因的理解有著顯著提升。脊柱融合術被普遍認定爲治療下背痛的黃金標準程序，然而脊椎融合卻造成鄰節段退化速度增加。脊椎關節成形術、動態穩定技術以及持續改進的診斷和手術的治療方式，打開了一個新的治療時代。近期非融合技術的新發展，如運動保留裝置和後路動態穩定可能會改變黃金標準程序。這些裝置的設計試圖提供穩定和消除疼痛，同時保持脊椎單元的活動功能。外科和病患以非融合技術來治療退行性脊椎的適應程度，將取決於長期的隨機臨床對照試驗結果。雖然非融合技術的發展才剛剛起步，適應期很漫長，但它可能被認爲是未來幾年運動保留的新選擇。本節重點在於脊椎非融合技術，提供了相關植入物的臨床應用，並討論在發展上的挑戰與方向。

8.2.1 融合與非融合植入物

植入式脊椎器材一開始發展較爲簡單。Spinous process wires 和 Harrington rods 是代表脊椎金屬固定裝置誕生的產品。經過無數次產品設計的改進，目前的脊椎固定系統革命性得改變醫生從前路或後路進行手術的脊椎穩定能力。儘管一開始致力於發展脊椎剛性固定，目前最蓬勃發展的卻是有關於運動保留的設計。有趣的是，許多這些新的運動保留設計，如後路動態系統，其有關植入和錨定的方法大多參考自剛性穩定系統。

由於此項設計上明顯的區別，脊椎裝置可以被分成 2 個主要的類型：(1) 以裝置進行融合和 (2) 非融合的運動保留裝置。融合裝置是指那些直接或間接造成原先可活動的節段被骨組織密合固定。有些是利用骨植入物

或骨生長激素，如椎間填充塊或椎體置換。提供即刻的剛性固定，如椎弓根釘和前路固定系統，可用來矯正變形的脊椎、促進骨癒合、對椎節進行減壓。其適應症可通用於整個脊椎的疾病。

　　很多脊椎疾病被建議以非融合方式作爲融合手術的另一個選擇，包括脊椎側彎、椎管狹窄、椎間盤病變造成的下背痛。共同的目標都是從基礎病理學上移除促發炎反應組織，回復脊椎正常排列並解除壓力並且保留運動功能而不是消滅它。希望如果這麼做可以排除許多融合所造成的問題，如較長的回復時間、骨植入物挖取造成的破壞、假關節的形成和鄰近節段退化等問題。它們的成功在於不需依賴「經常不可靠的」骨癒合，且非融合技術可能使癒合速度較快。

8.2.2 人工椎間盤

　　人工椎間盤置換物的植入必須要取出近乎全部的椎間盤。植入物包含終板（endplate）的部分，用來與椎體終板固定，通常爲鈦合金或鈷鉻鉬合金金屬材料構成。而介於兩端終板的關節部分可以由聚乙烯或鈷鉻鉬合金等耐磨耗材料組成。

　　全人工椎間盤置換手術可治療由於椎間盤退化所產生的疾病，此外也可恢復脊椎的活動度並降低鄰近椎節應力集中和鄰近椎間盤退化的問題，但是臨床上也會發生人工椎間盤聚乙烯破壞的情形，Wei 等人 [9] 爲了探究原因並試圖找出解決的辦法，使用有限元素法分析聚乙烯曲面變化的應力及其分布。結果指出聚乙烯曲面爲凹（Concave PE）的設計置放在下方在任何的情況下，都比聚乙烯爲凸的設計來得要好（圖 8-14），剪應力在屈曲時僅爲曲面爲凸設計的 57.32%，故作者建議未來可採取此種設計概念，橢圓形則需要進一步修正長短軸的比例。

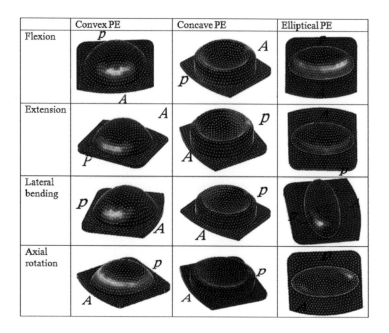

圖 8-14　不同曲面設計的聚乙烯襯墊有限元素的應力分布情形

　　在 1980 年代早期，Schellnack 和 Büttner-Janz 設計了 Charité 人工椎間盤原型 [10-12]，他們延伸人工髖關節和膝關節的概念，使用聚乙烯（PE）對金屬表面作為關節。目前設計的版本，裝置內含有一個自由活動的超高分子量聚乙烯（UHMWPE），其凸起表面依靠凹面的金屬終板（Charité I 和 II 使用不銹鋼，InMotion 和 Charité III 使用鈷鉻鉬合金與磷酸鈦鈣塗層）。Charité I 體積較小，植入後下沉的頻率很高。The Charité II 試圖利用薄側翼增加表面積來改善這個問題，不幸的是這個設計卻使側翼容易早期斷裂。Charité III 於 1987 年發明，其特徵是加寬了終板的設計來減少下沉的機率，也減少發生在 Charité I 和 II 側翼斷裂的狀況。2007 年推出 InMotion 來幫助 Charité III 的植入。新推出的 InMotion 保有原來 Charité III 基本的設計，只改變了固定齒的位置和增加中央軌道部分引導植體從斜面進入（圖 8-15）。

圖 8-15　腰椎人工椎間盤

　　儘管各種人工椎間盤材料和具體的設計差異，大多數可運動的機構原理都是一個球窩接頭。其他特徵如彈性吸震的特性較不類似於此種設計，例如 Brian 或是 UFO（圖 8-16）。

Brian　　　　　　　　　　　　　　UFO

圖 8-16　具有彈性吸震設計的脊椎椎間盤

　　Wang 等人 [13] 針對一款單一組件、彈性功能設計的頸椎椎間盤植入物（UFO, Paonan Biotech Co., Ltd., Taipei, TAIWAN）（圖 8-16），進行力學耐受性與生物力學分析。該設計具有彈性的人工椎間盤可以創造出一個可容許動態活動且類似於正常椎間盤的仿生結構，該研究針對該彈性人工椎

間盤進行臨床追蹤及動態疲勞負載測試。由最長為 24 個月的臨床結果得到使用單一組件設計、彈性矽膠核心的 UFO 頸椎椎間盤置換植入物可以獲得臨床功能的有效改善，無植入物脫出或失敗破壞發生，同時可以維持與術前同等水準的活動度；由耐久力學測試結果，經過一千萬次長期負載，其矽膠核心的設計可以維持椎間高度。

8.2.3 人工髓核置換

參考 Fernstrom 球，根據之前的定義可能很難將它們形容為 TDR。更精準地說，它們可以被形容為髓核置換物。所以，Fernstrom 球可說是人工髓核們的前輩，髓核填充物（nucleus augmentation）是人工髓核的一個子集合，被定義成將物質注射入椎間盤空間內並且在原位固化成形。

圖 8-17 為 Ray[14] 所設計的人工髓核 Prosthetic Disc Nucleus（PDN; Raymedica, Minneapolis, Minnesota）以及一些後續的改良。PDN 試圖治療椎間盤源性下背痛與接受去椎間盤手術的病人。與 TDR 做區分，PDN 可由後路經由椎板切除術、椎間盤切除術、環狀纖維切除術等標準進行。PDN 主要結構是親水性可吸水膨潤的水膠植入物。此枕頭狀水膠以 PE 網袋包覆避免過度膨脹。初期臨床發表 1996 年，以兩個 PDN 植入髓核空腔。現行的版本有左、右兩件放進前後位置。設計上一個主要的挑戰是避免人工髓核與髓核填充物從空腔內被擠出。初代 PDN 有位移與下沉的問題。隨後的版本如 PDN-SOLO 和 PDN-SOLO XL，包含固定結構的方法。此外，植入方法也有所改變。利用旁側植入，避免使用硬脊膜上的空間。早期臨床研究結果良好。使用 PDN 後的半年與一年術後追蹤結果都有效解除疼痛 [15-16]。此外，位移連帶地造成椎間盤突出 [17]。2006 年，Raymedica 公司發表 Hydraflex 系統，以更自動的方式植入、較軟的核心、更大的體積、更快的吸水特性和專門的設備來減少被擠出的發生率。

圖 8-17　　人工髓核

8.2.4 棘突間裝置

　　雖然脊椎市場上大量的棘突間裝置讓人確信這些爲近年集思廣益的成果，但其實不是。最早的概念是於 1960 年 Fred Knowles 提出。他一定不會料想到他的想法三十年後會轉變成 X-Stop（Kyphon, Sunnyvale, California, US）。

　　棘突間裝置大多是用於限制後彎。這些棘突間植入物可以用於不適合大手術的年長者，近年來相關的設計都可以避免移除骨組織和全身麻醉。此裝置的適應症仍然需要再被定義。製造商提出的適應症包含椎間盤退化、預防鄰近節段退化、小關節症狀、椎管狹窄和非創傷性不穩定。這些裝置都維持脊椎輕微的前屈來達成脊椎減壓，而脊椎仍然可扭轉或彎曲。所有的椎間植入物能分爲兩類：能限制後彎的靜態穩定和可壓縮性的動態穩定。

　　X-Stop 是由鈦金屬與 PEEK 材料組成，具有側翼可包圍住棘突側面，避免植入物位移。此裝置被允與使用於五十歲以上腰椎狹窄病人，並以局部麻醉植入。脊上韌帶不需切除。Wallis 有關的初期臨床研究發表於 1987 年的歐洲。當時爲鈦金屬支撐，如今已改成 PEEK 材料，並以編織的高分子繩帶減少植入物位移的機率和限制椎體過度的動作。目前已有累積三

萬人的使用者。DIAM 是以矽膠製成的 H 型支撐物再以 PE 包覆，形狀類似於 Wallis。第一個臨床報告於 1997 年法國，2 萬 5000 位非美國病患使用。FDA 的臨床試驗已經開始，試驗內容比較 DIAM 的減壓效果與後側路融合的效益。CoFlex 的設計是從 Fixano（Peronnas, France）的椎間 U 型而來，是以鈦金屬製成的 U 型金屬設計，以側翼鞏固住棘突，控制動作並允許活動，是一個非融合裝置。而融合型的 Coflex-F 也已經發表。基於 CoFlex 的設計，以閂桿加於側翼上鎖定棘突，作為錐弓根釘固定的另一個選擇。

最近幾年，許多公司提供非常多樣的設計如 NuVasive 的 ExtendSure；台灣寶楠公司的 Promise 和 Rocker 的設計，是以 PEEK 材質做成可活動的核心和關節設計減少侵入性。此外，Cousin Biotech（Wervicq-Sud, France）；Alphatec（Carlsbad, California）螺旋狀 PEEK 支撐物；Vertiflex（San Clemente, California）具有可展開的翼減少侵入性；Medtronic's Aperius PercLID implant, Orthofix（Bussolengo, Italy）的 InSWing; Pioneer 的 BacJac; Maxx Spine（Bad Schwalbach, Germany）的 I-MAXX; Sintea Plustek（Assago, Italy）的 Viking; Globus Medical 的 Flexus; 以及 Privelop（Neunkirchen-Seel-scheid, Germany）的 Spinos（圖 8-18）。

8.2.5 動態椎弓根釘裝置

Graf ligamen 是一個最早的椎弓根釘後路動態穩定系統（PDS）（圖 8-19），是由法國的 Dr H. Graf 設計。它包含了固定椎弓根釘人工韌帶。這些韌帶以張力提供穩定性。臨床報告有著不同的文獻結果 [18-19]。儘管不討論裝置相關的併發症，人工韌帶過度的張力會造成椎管狹窄和新的神經疼痛。椎弓根釘鬆脫的例子也有被報告過。

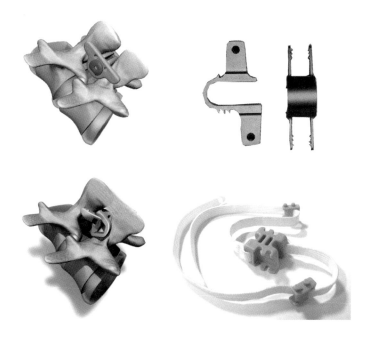

圖 8-18　　各種棘突間固定裝置

圖 8-19　　動態椎弓根釘裝置臨床應用產品

目前的 PDS 系統的宗旨是控制過度運動並恢復正常脊椎的運動範圍。The Dynesys system（Zimmer Spine, Warsaw, Indiana）於 1994 年由 Gilles Dubois 發明。之前的設計包含鈦合金椎弓根釘、穩定用的 PET 繩與支撐用的 PCU 管。支撐管撐起相鄰的椎弓根釘頭部。後彎時，支撐管可以抵抗擠壓，前屈時 PE 繩限制拉伸。這個裝置已被使用於歐洲及美國，有許多不同的症狀與結果 [20-21]。

在脊椎臨床應用中，各式各樣運動保留裝置的發展正進入一個置換全部或部分取代脊椎功能的時代。因此，運動保留技術將於未來取代融合的治療。儘管這些新技術的適應症仍未明確定義，多數的臨床研究已顯示其安全性和有效性。

8.3 近關節骨折臨床應用

骨折處理實為骨科臨床上重要的課題，除了傳統上以直型骨板或髓內釘植入物作為骨折固定之外，近年來，對於近關節部位的骨折，發展出對應的解剖型鎖定式骨板骨釘系統作為固定治療處置。對於近關節骨折的骨釘骨板系統，其設計及應用需考量以下幾項重點：

8.3.1 骨板貼合曲率

如圖 8-20 所示，解剖型鈦合金互鎖式骨板骨釘系統（APS Locking Plate System）（愛派司生技股份有限公司）為人體骨骼四肢之骨骼參數而設計成之解剖型骨板，如同近關節骨板的設計一般，其設計來源主要符合骨骼之解剖，利用數位電腦雷射掃描亞洲骨頭，設計出最符合各關節形狀的骨板，用以治療關節面之粉碎骨折及重建型骨折或癒合不正之骨折矯正使用。解剖型骨板除了符合人體工學穩定骨折復位之外，並可降低骨板在體內刺激軟組織所造成的疼痛，並能減少醫生在手術中彎曲骨板所需機會，降低手術時間，減少感染。

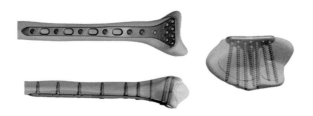

圖 8-20　依據人體近關節之骨骼參數而設計成之解剖型骨板（APS Locking Plate System）（APLUS Biotech Co., Ltd., New Taipei City, TAIWAN）。

8.3.2 骨釘功能角度設計

　　解剖型骨板在關節面有多方向螺釘設計，利用多方向螺釘來固定不同位置的骨碎片（圖 8-21），加強骨折復位的穩定性，增加骨頭癒合機會。此外，骨釘也會採取大仰角（Strut Screw）的結構設計，此大角度的骨釘可以提供關節面形成黃金三角固定（Triangular Fixation）（圖 8-22），可以提升整體關節面力學支撐之穩定性。

8.3.3 骨板材質與設計

1. 骨板輪廓低薄之設計

　　傳統的骨板在關節面較厚，容易擠壓刺激軟組織，造成病人異物感及疼痛，近關節骨板在關節面以低薄的設計可降低手術後骨板對軟組織的刺激，減少病人疼痛。目前材料趨勢是使用生醫認證之鈦合金材質，具有高生物相容性、彈性係數大、抗金屬疲乏強度之特性。

2. 傳統加壓螺釘與互鎖式螺釘機構

　　傳統骨板利用摩擦力之理論直到今天仍適用於關節內骨折的治療原則。但是骨折利用加壓摩擦力而達到內固定的方式，在近幾年治療骨幹骨折後臨床文獻表示，因應骨折複雜之程度，併發症發生率的增高也在近幾年被重新檢視。傳統鋼板固定方法基於採用足夠數量

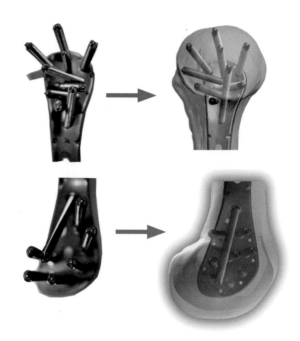

圖 8-21　近端肱骨（上）及遠端股骨（下）在關節表面骨釘交叉支撐提升穩定
　　　　　度之 3D 示意圖（APLUS Biotech Co., Ltd., New Taipei City, TAIWAN）。

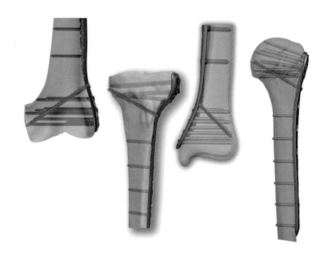

圖 8-22　大仰角（Strut Screw）的骨螺釘結構設計（APLUS Biotech Co., Ltd.,
　　　　　New Taipei City, TAIWAN）。

螺釘通過高壓應力將鋼板固定於骨表面，而產生穩定骨頭與內固定之連接。應用此技術時，硬質骨螺釘之固定可以將固定產生最大之摩擦力。然而，傳統鋼板皆須將骨外膜剝離後再行內固定，單個骨折塊的剝離及骨折區的暴露，則因骨、軟組織活力的喪失而隨之導致感染、骨不癒合和骨折遲緩癒合，進而因為應力集中、扭力、旋力而導致骨板斷裂、骨釘 Pull out 等失敗率的發生。

傳統式的骨螺釘在設計上主要為迫緊式的螺釘設計，螺牙的螺距（Screw Pitch）及螺深（Thread Depth）會較大，這樣會導致外力造成整根骨釘因為比較尖銳的因素而導致骨釘容易吃掉骨頭，造成骨頭位移的情況（圖 8-23）。另外，骨釘跟骨板加壓鎖定之後形成的結構體受到外力或力矩時，結構體與骨頭作用的介面區域僅限於螺釘接觸區域，若加壓力量不足，易形成不穩定的結構（圖 8-24）。互鎖式骨釘之設計為螺芯直徑（Core Diameter）增大、螺牙的螺距及螺深變小，增大表面積承載力，也有別於傳統迫緊式螺釘，比較尖銳會吃掉骨頭的設計，這樣的互鎖式骨釘跟骨板互相鎖定之後可以形成一個穩定的結構體，並且也不容易因為外力的因素形成鬆動。當外力進入骨折受力面時，骨板與骨釘為互鎖式的共構體，力量會藉由骨釘傳導到骨板，再跨越到骨折對側，同時骨板與骨釘形成完整結構體，在受到外力或力矩作用下，結構體與骨頭作用的介面區域增加，進而穩定整體內固定效果，如圖 8-25 所示。

臨床上雖然使用互鎖式骨板固定效果不錯，但是即使是目前新穎的解剖型互鎖式骨板，併發症仍然可能發生。就目前研究表明，併發症並非歸因於內植入物失敗，而常常是因為違反橋接骨板固定原則，或是臨床上骨折癒合不良或遲緩導致骨板最終無法承載而失敗。這些併發症清晰表明，若想成功使用互鎖式骨板系統，應有好

的生物力學知識及精確的術前計畫，才能讓新穎的醫材發揮最高的
效用。

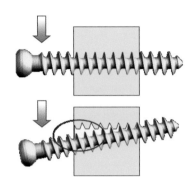

圖 8-23　迫緊式的螺釘設計容易產生側向位移

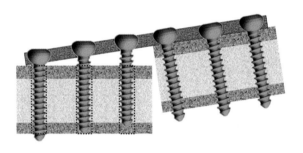

圖 8-24　傳統之骨板單靠磨擦力支撐，力量為單一抵抗之結構體。

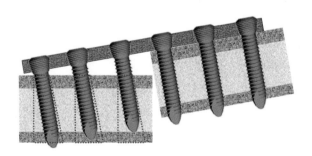

圖 8-25　互鎖式骨板與骨釘為互鎖系統，使得骨釘和骨板為整體結構，抵抗外
　　　　力也為整體的抵抗效果。

　　圖 8-26 是使用 2.4 mm 遠端橈骨互鎖式內固定系統來治療穩定及不穩定之橈骨關節面骨折，且關節面解剖軸及機械軸的角度明顯改變，需要將掌傾角（Volar Tilt）做完整的復位手術。

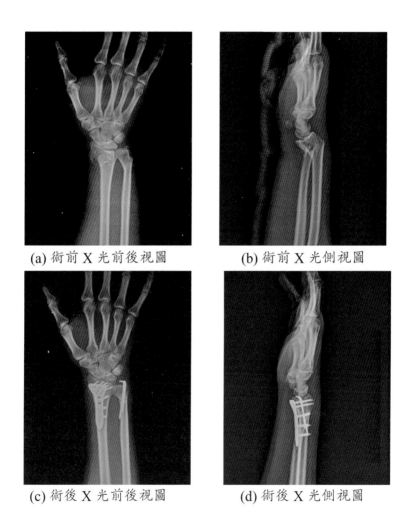

(a) 術前 X 光前後視圖　　　　　　(b) 術前 X 光側視圖

(c) 術後 X 光前後視圖　　　　　　(d) 術後 X 光側視圖

圖 8-26　患者 (a) 術前 X 光前後視圖及 (b) X 光側視圖顯示，因患者跌落地手掌撐地的關係，Distal Radius 關節面有明顯的骨折（Colles Fracture）；患者術後 X 光片（(c) 及 (d)）顯示穩定性良好，固定器與骨折區段皆正常，並且掌傾角皆完整復位。

8.3.4 近端股骨固定骨板有限元素分析應用

運用有限元素法可以模擬與評估植入物或醫療器材的力學性質。本節內容為模擬應用於治療骨折所使用之骨板，植入股骨後的使用情況，分析並評估骨板承載後之力學機轉。模擬方法先建立股骨、骨板與骨板之模型，以 80 公斤之重量，進行骨折狀況之有限元素模擬，其應用有限元素分析軟體，分析股骨、骨板與骨釘的變形（Deformation）、應力（Stress）與應變（Strain），並進一步探討使用過程應力最大的部位，分析是否會有破壞產生，以利產品設計與改良。

以近端股骨骨板植入物（APLUS Biotech Co., Ltd., New Taipei City, TAIWAN）為例，分析模型元件包括人體股骨、近端固定骨板與骨釘模型檔案，進行模擬分析，分析流程如圖 8-27。

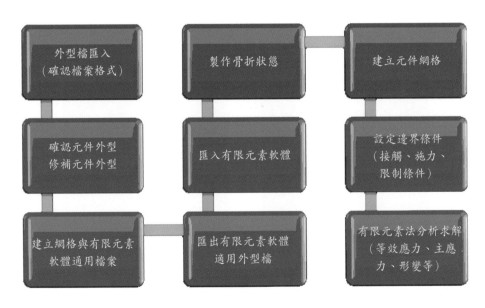

圖 8-27　模擬分析流程圖

　　首先將股骨、骨板與骨釘外型檔案匯入網格處理軟體中，並選取有限元素軟體通用格式，進行外型檔案確認，修正檔案隻外型，去除小於 0.5 mm 之導角，並進行元件外型修補與表面平滑化（如圖 8-28），建立完整實體體積（Solid），以利後續網格化（Mesh）。

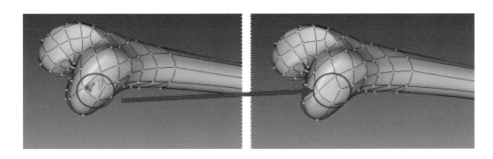

圖 8-28　　模型破面修補與平滑化

　　實體外型檔確認建立後，匯出有限元素軟體通用檔案，以利後續進行分析，如圖 8-29 所示，確認檔案外型沒有問題後，以布林運算將重複區域去除後（如圖 8-30），組合所有元件。

圖 8-29　　元件匯入有限元素軟體後之外型檔

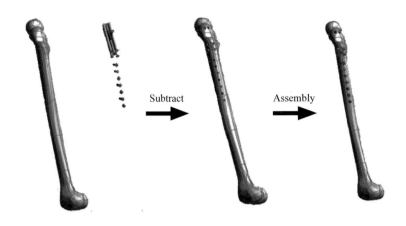

圖 8-30　布林運算示意圖

　　股骨、骨板與骨釘模型確認後，進行網格化後進行分析，針對各元件之材料特性給予彈性模數及浦松比。

　　分析主要複合骨折狀況，股骨近端及股骨頸骨折，探討骨釘骨板之承載狀況。首先進行骨頭切除，以布林運算將骨頭切為三段，並留 1 mm 縫隙於股骨近端與 0.1 mm 縫隙於股骨頸。將所有元件進行網格化，以四面體（Solid 285）進行自由網格化，共產生 194,103 個元素（Elements），299,429 個節點（Nodes）（如圖 8-31）。

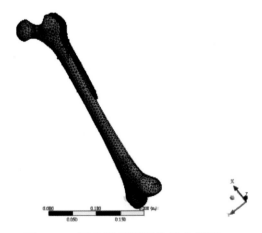

圖 8-31　複合骨折網格化後之模型

　　網格化後進行各元件接觸條件設定。邊界條件設定模擬實際單腳承重狀態，以股骨遠端關節面為固定端，限制其各軸向自由度（位移量為 0），設定 800 N 力量沿股骨軸向（X 軸方向）作用於股骨頭上，如圖 8-32 所示。設定完畢後進行靜態結構分析。

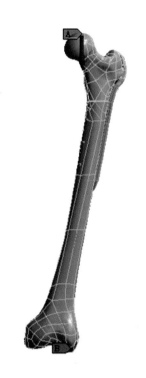

圖 8-32　　複合骨裂邊界條件設定圖

　　就應變結果來看，因骨頭斷裂無法傳遞力量，所以股骨近端力量由骨釘傳至骨板在往下傳遞到股骨遠端，分析結果各元件變形如圖 8-33，所有元件於骨裂端產生較大的變形約 1.17 mm，股骨近端變形量一致，靠近施載點的變形量最大，約 1.32 mm。

圖 8-33　複合骨折狀況模型變形圖

　　就股骨產生應力結果來看，骨折處因無法傳遞力量而將力量轉移至骨板上，如圖 8-34 所示。骨折處因與骨板的相互作用會產生較大的應力，約 92.63 MPa，且遠端股頭承受彎矩，且力量由骨板透過骨釘施載於骨頭上，故外側受力較大。而股骨近端因骨板固定外側大轉子，故咬合處會有應力產生。另外因股骨頸有骨折，所以無法承受力量，所以所有力量由固定股骨頸之骨釘直接轉移至骨板上，故股骨近端外側（大轉子下方），產生較大的受力面積。

圖 8-34　複合骨裂狀況股骨等效應力圖

　　就近端骨板產生應力結果來看，因骨折骨頭無法承重，故近端骨板承受較大的應力，如圖 8-35 所示。主要應力產生在骨折處，如圖 8-35 中間處。且因力量的傳遞，故與骨頭接觸面積小處易產生較大的應力。

圖 8-35　複合骨折狀況之骨板等效應力圖

8.4 神經電刺激與平衡

8.4.1 足弓墊與生物力學

　　足弓墊目前在臨床上經常被使用於足部結構異常的矯正或支撐治療，且產品款式相當多，如下表8-1所舉出的幾款鞋墊，各自的功能有所不同，取決於材料及結構設計。一般而言，一個足弓墊要達到人體力學穩定舒適，必須材料與結構堅固，以圖8-36來看，足弓墊置於足底，就如同增加人體足部與地面的接觸面積，並且藉由結構支撐，使得足部骨頭及軟組織產生互相穩定的結構，其他肢體便不易產生不穩定的狀態。足弓墊對於肢體力學對位影響可由圖8-37來說明，對於大多數一般功能性扁平足的足部結構，足部會產生過度旋前（Pronation）的動作，造成上方膝關節部位產生不正常對位，若有適合足弓支撐的足弓墊在人體內側支撐，則能矯正肢體對位，回復正常受力。

表 8-1　常見的鞋墊產品及功能分析

鞋墊	材料結構	結構支撐	材質減壓	耐久性
	❶ TPE 或矽膠材質 ❷ 局部減壓結構 ❸ 無結構支撐	☆	☆☆☆☆☆	☆☆
	❶ EVA 或 PU 發泡材質 ❷ 無結構支撐	☆	☆☆☆	☆

（續）

鞋墊	材料結構	結構支撐	材質減壓	耐久性
（Strong Feet）	❶ 吸震及高韌性複合材質 ❷ 多向（橫、縱）足弓結構支撐 ❸ 結構支撐分散壓力	☆☆☆☆☆	☆☆☆	☆☆☆☆☆
	❶ 高分子塑膠材質 ❷ 縱向足弓結構支撐 ❷3. 壓力分散	☆☆☆☆☆	☆	☆☆☆☆☆

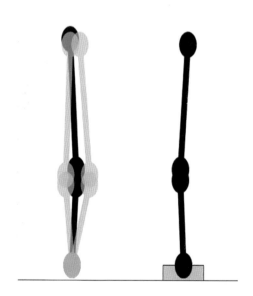

圖 8-36　足弓墊可增加足部與地面的介面穩定

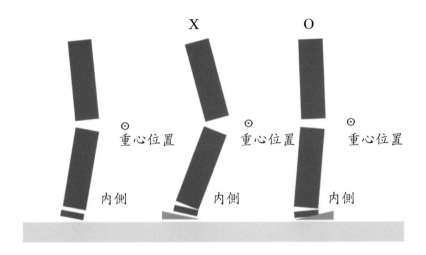

圖 8-37　足弓墊可利用結構支撐調整下方肢體的對位

8.4.2 神經電刺激與平衡

經皮神經電刺激（transcutaneous electrical nerve stimulation，簡稱 TENS）是一個被廣為接受及使用的止痛方法 [22-24]，其止痛機制目前尚無定論，有一些假說曾被提出 [25]，其中較廣為推崇的理論之一是疼痛的門控制理論（gate control theory），根據此理論，TENS 刺激 A-beta 神經纖維，因而在脊髓背角（dorsal horn）的階層調節帶痛感的 A-delta 及 C 纖維，因而抑制了痛覺。另一項被推崇的假說是認為 TENS 的止痛效果與在中樞神經部位釋出內生啡（endogenous opioids）有關 [26]。TENS 在臨床上，尤其是復健醫學領域中被廣為用在肌肉骨骼系統的止痛及各種神經痛的止痛，其效果已被多數人肯定。其簡單易操作且少有副作用的特點讓它占有優勢。

姿勢控制這個詞彙被廣泛地用於姿勢定向、姿勢穩定與平衡。姿勢的控制（平衡）是一個複雜機制，需要肌肉骨骼系統與神經系統互動合作。而肌肉骨骼系統包括：關節活動、脊柱柔軟度、肌肉力量及身體各部位生

物力學關係地結合。神經系統成分包括：動作處理（神經肌肉反應機制）；感覺處理（視覺、前庭、本體感覺系統）；高階統合處理（預期性和調整性姿勢控制）。由此可知，平衡與姿勢控制是身體各部位共同合作維持日常生活及意外變化。

在一項陳家緯等人 [27] 研究中探討糖尿病神經病變患者足底及踝關節經皮神經電刺激對改善受測者在靜態及動態平衡測試中姿勢控制能力，以 Steward 六軸平臺探討其在有經皮足底電刺激於非預期性的平臺前移動作時，人體對於外在干擾的姿勢控制及反應能力。電刺激隨機地介入於雙側足部的位置（圖 8-38）：第一蹠骨頭、第五蹠骨頭、足後跟及踝關節。平衡表現由測力板（AMTI）及足壓板（RS-scan）所量測的足底壓力中心軌跡之位移相關變數與腿部及軀幹肌肉的活化評估。結果顯示，經電刺激介入後，糖尿病神經病變患者在動態平衡表現下有顯著地增進，如包含較短的反應延遲時間、較短的重新回復穩定所需時間及在回復穩定時有較小的足底壓力中心晃動面積。作者也發現感覺缺失越嚴重的患者，在電刺激介入後的平衡控制能力進步越顯著。因此，作者結論經皮足底電刺激確實可增進周邊神經缺失患者的勢穩定能力。

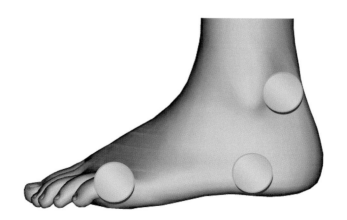

圖 8-38　電刺激隨機地介入於雙側足部位置

　　至於鞋墊能否促進人體平衡及穩定，Kitaoka 等人 [28] 提供扁平足足弓支撐，發現鞋墊可有效地增高足弓高度並能增進站立時足弓穩定度。Suomi 等人 [29] 評估兩種鞋墊對年輕人及老年人平衡之影響，結果發現老年人穿著鞋墊可減低搖晃面積及外側搖晃。Stude 和 Brink[30] 研究訂製式鞋墊及軟式鞋墊對平衡及本體之效應，結果發現持續穿著足部裝具 6 週可促進平衡增加和本體對稱性。

　　整合上述臨床研究結論，利用經皮神經電刺激技術結合力學的醫電力學隨身化產品（圖 8-39），針對骨骼肌肉系統平衡，應能促進足部部位的穩定，進而達成力學平衡作用。

圖 8-39　足部經皮神經電刺激醫電隨身化產品（Sensofeet，岑原科技有限公司，台北，台灣）。

8.5 義肢臨床應用

8.5.1 上肢義肢

　　人體上肢雖不同於下肢常與地面接觸，但並不表示與重力及力量無關。由於上肢問題中往往忽略身體肢段的相關重量。上臂義肢發展至

今，因拜科技之賜，微機電控制技術，如：肌電訊號（Electromyographic,
EMG）已開始套用於上臂截肢病患上使用，利用上臂電子義肢肌電訊號
一組感應器，即可作為**趨近**真實人體肢體動作和行為，如自動握持、腕關
節自動旋轉或肘屈（Elbow Flexion）、肘伸（Elbow Extension）關節自由
擺動（圖 8-40）。但不管發展如何，無論是電子義肢，或是機械式上臂義
肢，當手掌持握或不持握重物時，必須考量到肘屈、肘伸關節反作用力之
受力，以降低截肢病患義肢因過度受力而脫落，而造成患者的使用傷害。
因此，我們透過肘屈、肘伸關節反作用力之力學平衡方程式（圖 8-41、
圖 8-42），即可得知當肘屈、肘伸關節 90° 彎曲角度時，產生的作用力對
患者持物時的影響，便於協助患者在裝配後的復健訓練，以改善日後的生
活所需（圖 8-43）。

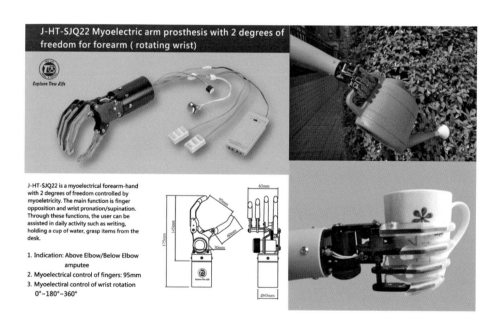

圖 8-40　雙自由度上臂電子義肢（J-HT-SJQ22）（德林股份有限公司提供）。

肘屈（圖 8-41）	肘伸（圖 8-42）
W = 20 N，當手持 1 kg 重物，Wo = 10 N $\sum M = 0$ (13 cm×W) + (30 cm×Wo) − (5 cm x T) = 0 T = (260 Ncm + 300 Ncm) / 5 cm T = 112 N（肌腱需產生的力量） $\sum F = 0$ T−W−Wo−J = 0 J = 82 N（關節反作用力）	W = 20 N $\sum M = 0$ (13 cm×W) − (3 cm×T) = 0 T = 260 Ncm / 3 cm T = 87 N（肌腱需產生的力量） $\sum F = 0$ J−T−W = 0 J = 107 N（關節反作用力）

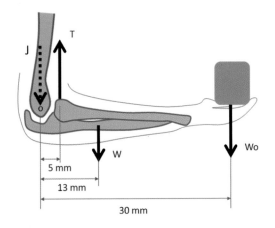

圖 8-41　肘屈時靜力平衡圖示

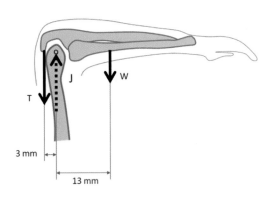

圖 8-42　肘伸時靜力平衡圖示

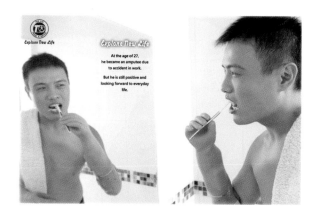

圖 8-43　　上肢義肢於生活上的應用

8.5.2 下肢義肢

　　從人體膝關節矢狀面細看旋轉運動軌跡，由節段中骨骼被稱為鏈結，一個鏈結是圍繞另一個鏈結旋轉，在任一瞬間膝關節旋轉角度，都會有一個點是不動的，並鏈結每個點，進而構成一個半圓弧瞬時旋轉中心（Instantaneous center of rotation, ICR）之運動軌跡（圖 8-44），而當膝關節經由人體步態行進時，膝關節會依附瞬時旋轉中心，並在支撐期（Stance Phase）與擺盪期（Swing Phase）產生不同的旋轉角度。然而，下肢關節截肢病患，因失去膝關節，產生軀幹支撐失衡，所以無法擁有正常人的下肢步態行徑動作。因此，在義肢膝關節設計上，就必須考量瞬時旋轉中心變化是否盡符合正常膝關節軌跡變化。由於人體正常膝關節瞬時旋轉中心並不是以單一軸心做旋轉，所以當義肢膝關節以單軸中心做設計時，其裝配人體時，即會產生不同的步距與健患側關節的旋轉差異，進而影響步態行徑。過去在義肢膝關節設計領域中，經由步態實驗，其發現使用四軸或四連桿的義肢膝關節設計，最能表現出人體正常膝關節瞬時旋轉中心的運動軌跡，且在步態行徑之中，健患側關節的旋轉差異最不明顯（圖 8-45）。

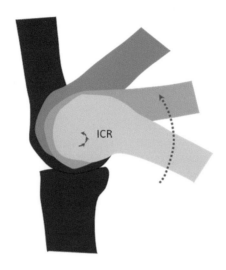

圖 8-44　膝關節矢狀面瞬時旋轉中心運動軌跡

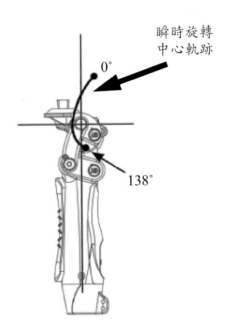

圖 8-45　膝關節四連桿義肢彎曲過程（0°〜138°）之瞬時旋轉中心軌跡（Xtreme X60 油壓膝關節）（德林股份有限公司，台北，台灣）。

8.6 牙科植體

　　自 Brånemark 提出骨整合（osseointegration）的概念後，各式牙科植體設計便開始蓬勃發展，一階式、二階式植體、inner-connection、outer-connection、taper-connection 等。根據近十年的臨床報告指出，牙科植體已有超過 85% 的成功率，但植體脫出、支台齒脫落、齒槽骨吸收等事情仍偶有所聞。牙科植體屬於load-bearing的替代物，需承受咀嚼、發音、吞嚥、甚至夜間磨牙（bruxism）等外力，因此植體與周圍齒槽骨的生物力學關係便息息相關。當產生過大的外力於牙科植體上，進而使周圍骨組織承受過大應力，便易造成骨流失的情況（圖 8-46）。

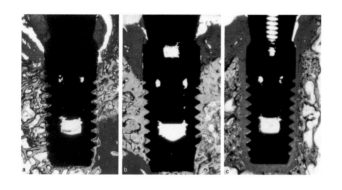

圖 8-46　組織切片觀察（紅色為軟組織、綠色為硬組織）：(a) non-loading、(b) 正常咬合力、(c) 過大咬合力。可見當承受咬合力時 (b)，骨整合情形較未受咬合力 (a) 時佳。而當周圍組織承受過大咬合力時 (c)，則會造成骨流失的情形。[31]

　　初期穩固度（primary stability）以承受軸向、橫向、旋轉方向的能力定義，主要由植體與周圍骨組織的機械性嵌合所決定，受植體外型、齒槽骨條件、施術者技術等影響。植體植入後的初期穩固度與整體植牙成功率有關，若初期穩固度不足，植體受力時便會產生微應變（microstrain），

進而破壞骨整合、導致周圍骨組織纖維化，因此初期穩固度也決定了後期治療方針：立即受力（immediate loading）、提前受力（early loading）或延遲受力（delayed loading）。

　　齒槽骨發生微應變（microstrain）會發生骨塑型（modeling）與骨重塑（remodeling）兩種現象，骨塑型是指骨吸收與骨成形獨立發生，會造成齒槽骨尺寸與外型的改變，而骨重塑是骨吸收與骨成形同時發生，骨組織進行內部結構調整，並不改變尺寸外型。而微應變依照應變大小共分為四個區域：

❶ 急性停用區（acute disuse window）：0~50 microstrain，骨組織會產生去礦化、停止生長，骨密度下降並讓骨質吸收。

❷ 適應區（adapted window）：50~1500 microstrain，骨組織的塑型與重塑處於平衡狀態，發生在負載區域或層狀骨。

❸ 輕度過載區（mild overload）：1500~3000 microstrain，刺激骨塑型卻會抑制骨重塑，造成可修復的微小裂痕。

❹ 病理性過載區（pathologic overload zone）：大於 3000 microstrain，骨組織吸收、強度變弱、甚至骨折。

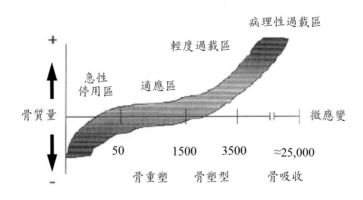

圖 8-47　微應變分布區域曲線 [32]

後期穩固度（secondary stability）爲骨細胞在骨 - 植體介面產生骨再生（regeneration）和骨重塑（remodeling）的現象，改變了骨組織的吸收與成型，使齒槽骨內結構進行調整，對周遭環境進行適應性地調整，而充分的初級穩固度是後期穩固度的先決條件，一旦礦化骨組織在植體介面形成，植牙的成功率便會增加。

總結，除了周邊骨組織承受之應力、應變，力的種類（tension、compression、shear force）、植體與骨組織介面、植體設計、植體表面特徵、贋復物種類、齒槽骨密度與型態等生物力學因素，皆與牙科植體骨整合成功與否有關。因此，瞭解上述因素對於骨組織應力之產生，進而避免骨流失有其研究之必要性。

8.6.1 牙科植體設計

牙科植體的外螺紋設計理念：最大限度的初始接觸（initial contact）、增加骨 - 植體接觸面積、骨 - 植體介面的應力分散等。螺紋的幾何外型決定了應力的傳導，植體的初始接觸決定了植入物的初期穩定性，巨觀的增加植體螺紋的接觸面積（相較於微觀的表面功能化處理之微奈米結構）可增加骨沉積、骨癒合，進而增強初期、後期植體穩固度。

螺紋將旋轉運動轉換爲直線運動將植體植入骨內，目前市售的植體系統各有特色的螺紋設計（圖 8-48），主要設計共通點如下：

❶ 螺紋嵴頂（crest）：螺牙最外層的接合表面。

❷ 螺紋根部（root）：螺牙最內層的接合表面。

❸ 面角（helix angle）：螺紋面與軸部所成之夾角，ISO 螺紋系統之軸部雙邊角度相等稱爲對稱面角，若自攻螺紋爲不對稱面角。

❹ 螺紋間距（pitch）：嵴頂與嵴頂之距離爲螺紋間距，或垂直於植體軸之螺紋上任一點與鄰近螺紋同一點之水平間距。

❺ 導程（lead）：螺紋旋轉一周後前進之直線距離，單牙螺紋（one-start）其導程與螺紋間距相同，複螺紋（multiple-start）其導程就會與其螺紋數呈倍數增加。

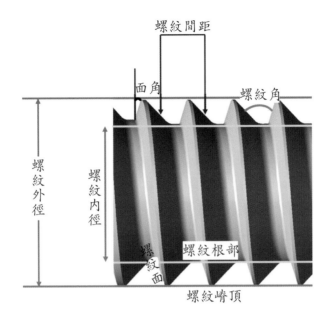

圖 8-48　牙科植體螺紋設計主要特徵

　　螺紋設計依照鎖固度（fastening）及咬合力量傳導粗分為四類（圖 8-49）：V 形螺紋（v-shaped）、偏梯形螺紋（buttress）、逆偏梯形螺紋（reverse buttress）、方形螺紋（square）等。而骨 - 植體介面上的應力可粗略分為壓應力、拉應力、剪應力，其中，壓應力有助於增加骨密度及強度，拉應力或剪應力則反之，尤其剪應力對於齒槽骨傷害更是嚴重。

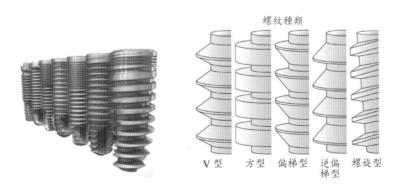

圖 8-49　市售各式設計之牙科植體系統

　　螺紋面角的設計會影響剪應力的產生，面角角度增加、剪應力也隨之增加，如 V 形螺紋（面角約 15°～30°）其產生之剪應力便大於偏梯形或方形螺紋。另外，V 形螺紋之面角雙側對稱，加工容易、易於大量製造。偏梯形螺紋之面角不對稱，施力會沿著軸向單一方向傳導（偏梯形為單一向上傳導、逆偏梯形為單一向下傳導）。方形螺紋之面角對稱、並呈90°，施力會沿軸向雙向傳導（圖 8-50）。此外，螺紋形狀、導程、間距等，同樣也影響骨 - 植體接觸、應力傳導及初級穩固度等。

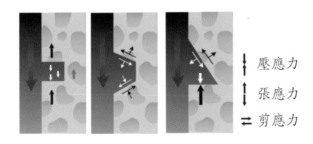

圖 8-50　　螺紋設計與應力傳導之關係 [33]

8.6.2 牙科植體表面特徵

　　現今醫學領域中，鈦金屬由於其優良之物化性質及生物相容性，被廣泛運用於人體內的支架及骨骼替代物；爾後，透過各種不同表面功能化技術，針對鈦金屬表面進行表面結構的修飾、或是進行材料表面的改質行為、或是塗布予以幫助生長的生醫活性材料，使材料表面更易讓骨細胞貼合與攀附、促進骨癒合或骨整合的功效（圖 8-51）。相較於未處理之植體表面，奈米功能化後之表面通常能使蛋白質、生長因子等更易均勻地貼附於材料表面，同時對於細胞貼附表面能力及特異性也會有所改變。雖然細胞與奈微米結構之交互作用機制尚未明朗，但可確定奈微米功能化表面可增加貼附細胞之增生數量，尤其對於骨細胞，更是有增加其細胞分化之現象產生（圖 8-52）。

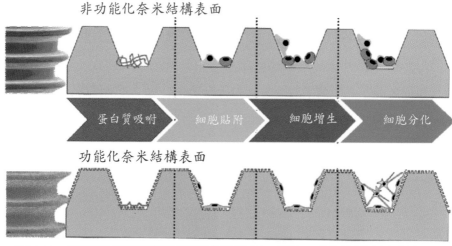

非功能化奈米結構表面

蛋白質吸咐　細胞貼附　細胞增生　細胞分化

功能化奈米結構表面

圖 8-51　功能性奈米結構表面對於細胞貼附、增生、分化影響之示意圖 [34]

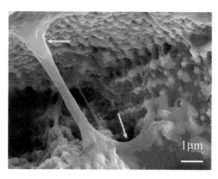

圖 8-52　貼附於奈米結構之類骨母細胞（MG63），如箭頭所示

　　目前市售人工牙根主要表面功能化有諸多方法，如噴砂後酸蝕（SLA）、陽極處理、酸蝕 HA 沉積、噴砂酸蝕等滲鹽水等（如圖 8-53），主要針對表面結構的改變或是表面材質的變更：利用機械式處理方法主要讓金屬表面達到表面結構粗糙化，其粗糙度亦逐漸進步到奈微米級結構，至今較為成熟的粗糙度 Ra 值大約在 1~4 μm 之間。經過臨床的證實顯示：此種表面結構確實具有較高的骨癒合效果，或是透過化學方式使金屬表層之材質產生變化，不論是表層氧化或是氮化，亦或表面鍵結官能基等功能性鍵結，於體外細胞試驗均證實不錯效果。

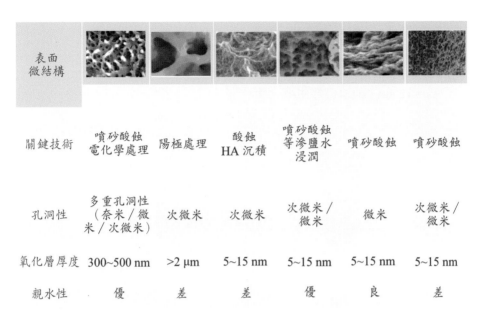

表面微結構					
關鍵技術	噴砂酸蝕電化學處理	陽極處理	酸蝕HA沉積	噴砂酸蝕等滲鹽水浸潤	噴砂酸蝕	噴砂酸蝕
孔洞性	多重孔洞性（奈米/微米/次微米）	次微米	次微米	次微米/微米	微米	次微米/微米
氧化層厚度	300~500 nm	>2 μm	5~15 nm	5~15 nm	5~15 nm	5~15 nm
親水性	優	差	差	優	良	差

圖 8-53　市售人工牙根之表面功能化處理特徵比較

　　利用奈米壓痕試驗機（nanoindenter）進行硬度試驗，發現經表面功能化處理後其楊氏係數（43~80 GPa）明顯低於未處理之鈦金屬（102 GPa），進一步，利用有限元素分析法，探討表面功能化處理之牙科植體生物力學特性，發現於顎骨上所產生之應力差異，未處理植體所產生之應力約兩倍於表面處理後植體。量化後之應力分布可驗證植體植入後之穩定性，進而闡述奈米功能化處理之薄膜層、植體本身與骨組織三者交互作用於臨床生理荷重下的應力分布與疲勞特性，例如顎骨之應力遮蔽效應（stress shielding effect），應力多集中於楊氏係數較高之皮質骨（cortical bone）、力量傳導至鬆質骨（cancellous bone）後多集中於第一螺紋上（圖8-54）。並推導出薄膜楊氏係數（E）、厚度（T）、孔隙度（ρ）之關係式（Ou-Cheng Eq）：

$$E_i = E_0 \left[\frac{1}{2} - \frac{T_i}{200T_0} + \frac{1}{2}(1 - \rho_i)^2 \right]$$

$E_0 = 102\ GPa$（純鈦楊氏係數）

$T_0 = 12\ nm$（純鈦自然生成之氧化層）

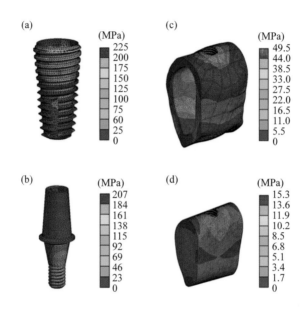

圖 8-54　牙科植體承受咬合力時，於顎骨上所產生之應力遮蔽效應。[35]

　　巨觀上，周圍骨組織所承受之應力與表面功能化處理之楊氏係數、厚度、孔隙度有關係；微觀上，表面特徵亦影響了骨細胞的貼附、增生、型態，如親水性、粗糙度等，而薄膜層的硬度（stiffness）也影響了細胞貼附特性，如細胞支架（cytoskeleton）的硬度、纖維蛋白（fibronectin）的組合、整合素（integrin）的鏈結等，表面微結構同時也造成了細胞貼附後之應力分布差異，進而影響細胞運動。然而，有限元素模擬僅將細胞的貼附行為與純粹物理（機械）的作用力作為考量，模擬尚須設定細胞的剛性才可得其受力。但細胞行為跟植體表面物理、化學性質有關，此部分僅探討了物理（機械）力學。

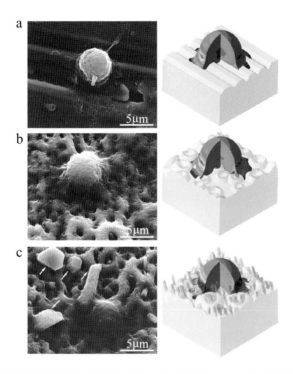

圖 8-55　表面顯微結構對於細胞生物力學之影響：(a) 機械性打磨、(b) 陽極處理、(c) 陽極處理結合水熱處理〔36〕

　　透過大型動物植入試驗，加以驗證表面功能化處理之植體其骨癒合性。藉由 BIC（bone-implant-contact）計算及組織切片結果，經表面功能化處理過後之植體於 3 週時便明顯高於未處理之植體，且於 12 週已有高達 83.5~86.4% 的 BIC 接觸率。且由組織切片觀察到，經表面處理之植體其礦化（mineralized）骨組織的比例明顯高於未處理之植體。

表 8-2　大型動物植入試驗之 BIC 計算結果　　單位：%

Variable	SLAffinity-Ti	SLA-Ti	M-Ti
3 weeks	42.4±6.1	33.7±5.1	28.5±5.2
12 weeks	86.4±5	83.5±4.5	78.5±6.3

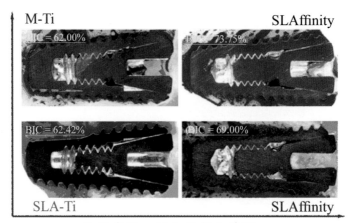

動物實驗 3 週之骨整合情形

圖 8-56　大型動物植入試驗於 3 週之組織切片觀察

　　結論，楊氏係數較低的植體表面對於周邊骨組織所產生的應力較低，且特殊的表面顯微結構對於細胞運動的影響、較易刺激細胞支架運動、纖維蛋白組合、整合素鏈結，使骨細胞更易貼附於其表面。並經由大型動物植入試驗，表面功能化處理確實可增進骨癒合之效果。

8.6.3 齒槽骨密度與型態

　　1985 年，LeKholm & Zarb 將齒槽骨質依照骨密度分為四級（D1, D2, D3, D4）（圖 8-57），對低密度的第四級齒槽骨質而言，要達到牙科植體的初期穩定是相對困難的。而且，文獻指出人工植牙於密度較高的第一、二、三級齒槽骨的成功率明顯高於第四級齒槽骨。

　　從 12 年的臨床追蹤、總計 4680 件病例（圖 8-59），Classification and Regression tree（CART）統計結果顯示第四級低密度齒槽骨的種植案例高達 92.5% 的失敗率。接著再以齒槽骨型態（圖 8-58）區分第一、二、三級齒槽骨，若齒槽骨型態良好（A、B 等級）即便即時受力、進行咀嚼，失敗率也僅 21.9%；倘若齒槽骨型態略差（C、D、E 等級）且骨密度也

略差（D3）的情況下，若未進行自體骨移植手術（autogenous graft）時，便會有 58.1% 的失敗率。

　　藉由長期的臨床追蹤結果，顯示低密度、型態較差的齒槽骨皆容易導致植牙失敗，可藉此做為風險因子評估表單，盡量避開高風險族群：如吸菸、嚼檳榔、糖尿病等骨質較為疏鬆患者，或使用自體骨移植手術以提高植牙成功率。

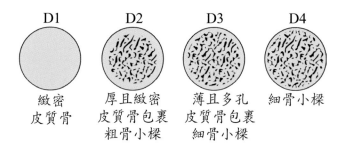

圖 8-57　LeKholm & Zarb 齒槽骨密度分類法

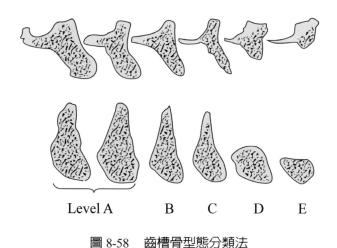

圖 8-58　齒槽骨型態分類法

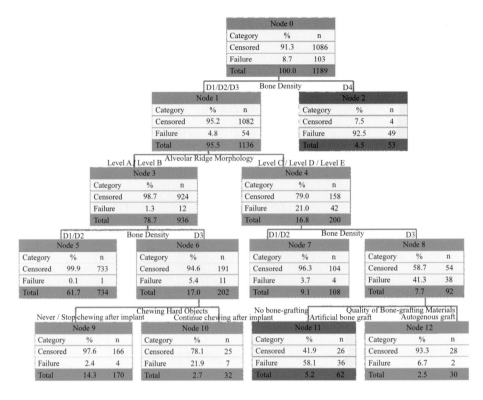

圖 8-59　12 年牙科植牙成功率統計結果

8.6.4 植體疲勞試驗

　　疲勞測試方法是根據國際標準 ISO 14801: 2007，針對穿越黏膜型的單一骨內牙科植體疲勞測試方法。這對於比較骨內牙科植體不同設計和大小非常有用。此測試方法模擬骨內牙科植體和已製成的假牙組件，在一擬真的狀況下模擬功能性施力，此國際標準僅供參考，不適用在預測骨內植體或假牙在人體上的表現，由其是多顆牙科植體支撐的假牙。

　　人工植體系統之疲勞測試依據 ISO 14801: 2007 規範指出，其疲勞限必須於測試頻率低於 15 Hz 下（本測試採 14 Hz），通過高於 300 N - 5 ×10⁶ 次之測試才能符合規範。此外於植體與測試夾持上，其負荷施加

之軸方向與植體（implant）軸心須夾 30 度角，且支台體（Abutment）
須以一半圓球狀之負荷件接合進行測試，而半圓球件之圓心與鑲埋介質
（PMMA）平面之距離（L）需為 11 mm，另外負荷力量之軸中心需與
半圓球之圓心相交，如此方可計算出負荷對植體的彎曲扭力（bending
moment）M = 0.5×F×L，其測試植體的夾持方式如圖 8-60 所示。而通常
材料會進行一連串之測試，分別以不同的力量與頻率，再將其測量值繪出
S/N 曲線，以方便觀察在不同應力下發生降伏的周期次數。而在牙根植體
取得疲勞測試曲線之力量，通常先是以靜態測試所得之降伏應力後，再取
其降伏應力之 80% 作為下一個測試應力之設定值，如此依序測量五點週
期次數之數據，依其應力／次數值所連成之曲線即為疲勞曲線（圖 8-61）。

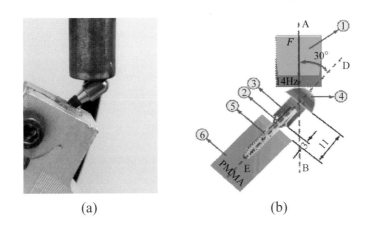

(a)　　　　　　　　　　　　(b)

圖 8-60　(a) 疲勞測試樣品夾持方式 (b) 夾持部件說明：①受力裝置；②模擬骨
　　　　峰高度；③支台體；④半球型受力裝置；⑤牙科植體身體部位；⑥樣
　　　　品鑲理介質 [37]

　　台灣第一支自有品牌人工牙根 Ti-one 101 人工牙根系統之 ϕ4.5 植體
與 IMPLANTIUM 牙根（ϕ5.0 植體）【「登頂」骨內植體，許可證字號：
衛署醫器輸字第 014341 號】做一個比較試驗，依完成之測試結果，按法
規要求繪出疲勞曲線，結果如圖 8-62 和圖 8-63 表示：

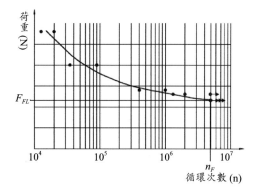

圖 8-61　疲勞負載週期曲線圖

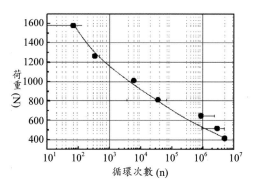

圖 8-62　IMPLANTIUM ϕ5.0 疲勞曲線

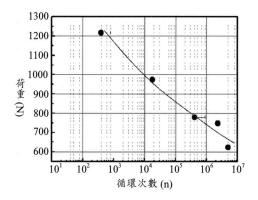

圖 8-63　Ti-one 101 人工牙根 ϕ4.5 疲勞曲線

比較市售 IMPLANTIUM 人工牙根與 Ti-one 101 人工牙根同樣 ϕ 徑的疲勞測試結果，在靜態測試方面，雖然 IMPLANTIUM 可承受較大的力（平均 1,972 N），而 Ti-one 101 人工牙根平均為 1,521 N，IMPLANTIUM 之牙根測試力量之標準偏差較大，反觀 Ti-one 101 人工牙根則呈現穩定的數值。而在動態測試方面，IMPLANTIUM 牙根在力量為 414 N 時通過合格標準 5,000,000 次，而 Ti-one 101 人工牙根則在 623.4 N 即通過標準。

影響疲勞強度的因素如下：植體表面粗糙或加工後之痕跡、材料表面腐蝕、表面殘留應力（殘留拉應力 → 疲勞限降低；殘留壓應力 → 疲勞限升高）等。Ti-one 101 因為進行了表面功能化處理，可有效降低表面裂縫成核機會，藉此提高牙科植體之疲勞強度。

📖 參考文獻

1. Noble PC, Alexander JW, Lindahl LJ, Yew DT, Granberry WM, Tullos HS. The anatomic basis of femoral component design. Clin Orthop Relat Res. 1988; 235: 148-65.

2. Sakalkale DP, Sharkey PF, Eng K, Hozack WJ, Rothman RH. Effect of femoral component offset on polyethylene wear in total hip arthroplasty. Clin Orthop Relat Res. 2001; 388: 125-34.

3. Noble PC, Biomechanical Advances in Total Hip Replacement, in Biomechanics in Orthopedics, Niwa S, Perren SM, and Hattori T, Eds. Tokyo: Springer Japan, 1992, pp. 46–75.

4. Schmale GA, Lachiewicz PF, Kelley SS. Early failure of revision total hip arthroplasty with cemented precoated femoral components: comparison with uncemented components at 2 to 8 years. J Arthroplasty. 2000; 15(6): 718-29.

5. Liau JJ, Cheng CK, Huang CH, Lo WH. The effect of malalignment on

stresses in polyethylene component of total knee prostheses: a finite element analysis. Clin Biomech. 2002; 17(2): 140-6.

6. Bartel DL, Bicknell VL, Wright TM. The effect of conformity, thickness and material on stresses in ultra-high molecular weight components for total joint replacement. J Bone Joint Surg Am. 1986; 68(7): 1041-51.

7. Conditt MA, Ismaily SK, Alexander JW, Noble PC. Backside wear of modular ultra-high molecular weight polyethylene tibial inserts. J Bone Joint Surg Am. 2004; 86-A(5): 1031-7.

8. Ma HM, Lu YC, Ho FY, Huang CH. Long-term results of total condylar knee arthroplasty. J Arthroplasty. 2005; 20(5): 580-4.

9. Wei HW, Chiang YF, Chen YW, Cheng CK, Tsuang YH. The effects of different articulate curvature of artificial disc on loading distribution. J Appl Biomater Funct Mater. 2012; 10(2): 107-12.

10. Buttner-Janz K, Hahn S, Schikora K, Link HD. Basic principles of successful implantation of the SB Charite model LINK intervertebral disk endoprosthesis. Orthopade. 2002; 31(5): 441-53.

11. Buttner-Janz K, Schellnack K, Zippel H, Conrad P. Experience and results with the SB Charite lumbar intervertebral endoprosthesis. Z Klin Med. 1988; 43: 1785-1789.

12. Link HD. History, design and biomechanics of the LINK SB Charite artificial disc. Eur Spine J. 2002; 11(2): S98-S105.

13. Wang CJ, Graf H, Wei HW. Mechanical Endurance and in vivo Radiographic Analysis of a Flexible, Mono-unit Cervical Disc Implant in Intermediate Follow-up Period. J Neurosurg Sci. 2013; 57(1): 69-74.

14. Ray CD. The PDN prosthetic disc-nucleus device. Eur Spine J. 2002; 11(2):

S137-42.

15. Bertagnoli R, Schonmayr R. Surgical and clinical results with the PDN prosthetic disc-nucleus device. Eur Spine J. 2002; 11(2): S143-8.

16. Jin D, Qu D, Zhao L, Chen J, Jiang J. Prosthetic disc nucleus (PDN) replacement for lumbar disc herniation: preliminary report with six months' follow-up. J Spinal Disord Tech. 2003; 16(4): 331-7.

17. Sasani M, Oktenoglu T, Cosar M, Ataker Y, Kaner T, Ozer AF. The combined use of a posterior dynamic transpedicular stabilization system and a prosthetic disc nucleus device in treating lumbar degenerative disc disease with disc herniations. SAS. 2008; 2: 62-8.

18. Hadlow SV, Fagan AB, Hillier TM, Fraser RD. The Graf ligamentoplasty procedure. Comparison with posterolateral fusion in the management of low back pain. Spine. 1998; 23(10): 1172-9.

19. Madan S, Boeree NR. Outcome of the Graf ligamentoplasty procedure compared with anterior lumbar interbody fusion with the Hartshill horseshoe cage. Eur Spine J. 2003; 12(4): 361-8.

20. Grob D, Benini A, Junge A, Mannion AF. Clinical experience with the Dynesys semirigid fixation system for the lumbar spine: surgical and patient-oriented outcome in 50 cases after an average of 2 years. Spine. 2005; 30(3): 324-31.

21. Stoll TM, Dubois G, Schwarzenbach O. The dynamic neutralization system for the spine: a multi-center study of a novel non-fusion system. Eur Spine J. 2002; 11(2): S170-8.

22. Gersh MR. Applications of transcutaneous electrical nerve stimulation in the treatment of patients with musculoskeletal and neurologic disorders. In: Wolf

SL, ed. Electrotherapy. 1st ed. New York: Churchill Livingstone; 1981: 156.

23. Walsh DM, Liggett C, Baxter D, Allen JM. A double-blind investigation of the hypoalgesic effects of transcutaneous electrical nerve stimulation upon experimentally induced ischaemic pain. Pain. 1995; 61(1): 39-45.

24. Marchand S, Charest J, Li J, Chenard JR, Lavignolle B, Laurencelle L. Is TENS purely a placebo effect? A controlled study on chronic low back pain. Pain. 1993; 54(1): 99-106.

25. Mysiw WJ, Jackson RD. Electrical stimulation. In: Braddom RL, ed. Physical medicine and rehabilitation. 1st ed. Philadelphia: WB Saunders Company; 1996: 485.

26. Han JS, Chen XH, Sun SL, Xu XJ, Yuan Y, Yan SC, Hao JX, Terenius L. The effect of low and high-frequency TENS on Met-enkephalin-Arg-Phe and dynorphin A immunoreactivity in human lumbar CSF. Pain. 1991; 47(3): 295-8.

27. Chen CW. Application of Transcutaneous Electrical Plantar Stimulation to Improve Posture Control Ability for Subjects with Diabetic Neuropathy. Master Thesis, National Yang Ming University, Taipei, Taiwan, 2008.

28. Kitaoka HB, Ahn TK, Luo ZP, An KN. Stability of the arch of the foot. Foot Ankle Int. 1997; 18(10): 644-8.

29. Suomi R, Koceja DM. Effect of magnetic insoles on postural sway measures in men and women during a static balance test. Percept Mot Skills. 2001; 92(2): 469-76.

30. Stude DE, Brink DK. Effects of nine holes of simulated golf and orthotic intervention on balance and proprioception in experienced golfers. J Manipulative Physiol Ther. 1997; 20(9): 590-601.

31. Isidor F. Loss of osseointegration caused by occlusal load of oral implants. A clinical and radiographic study in monkeys. Clinical oral implants research. 1996; 7(2): 143-52.

32. Stanford CM, Brand RA. Toward an understanding of implant occlusion and strain adaptive bone modeling and remodeling. The Journal of prosthetic dentistry. 1999; 81(5): 553-61.

33. Abuhussein H, Pagni G, Rebaudi A, Wang HL. The effect of thread pattern upon implant osseointegration. Clinical oral implants research. 2010; 21(2): 129-36.

34. 王茂生，歐耿良，黃大森：創新功能性表面功能化處理於人工牙根之應用，牙橋，2013; 11(2): 8.

35. Cheng HY, Chu KT, Shen FC, Pan YN, Chou HH, Ou KL. Stress effect on bone remodeling and osseointegration on dental implant with novel nano/microporous surface functionalization. Journal of biomedical materials research Part A. 2013; 101(4): 1158-64.

36. Chen CS, Tsao YL, Wang DJ, Ou SF, Cheng HY, Chiang YC, et al. Research on cell behavior related to anodized and hydrothermally treated titanium surface. Appl Surf Sci. 2013; 2711-6.

37. 歐耿良：牙科之骨內植體 — 人工牙根的疲勞測試方法，台灣牙醫界，2011; 30(12): 7.

Memo

Memo

Memo

國家圖書館出版品預行編目資料

生物力學／歐耿良、魏鴻文著. ― 一版. ―
臺北市：五南, 2014.10
　　面；　　公分. --

ISBN 978-957-11-7170-8（平裝）

1.生物力學

361.72　　　　　　　　102011534

4J15

生物力學

作　　　者 ― 歐耿良、魏鴻文

發 行 人 ― 楊榮川

總 編 輯 ― 王翠華

主　　　編 ― 王俐文

責任編輯 ― 金明芬

封面設計 ― 斐類設計工作室

出 版 者 ― 五南圖書出版股份有限公司

地　　　址：106台北市大安區和平東路二段339號4樓

電　　　話：(02)2705-5066　　傳　　真：(02)2706-6100

網　　　址：http://www.wunan.com.tw

電子郵件：wunan@wunan.com.tw

劃撥帳號：01068953

戶　　　名：五南圖書出版股份有限公司

法律顧問　林勝安律師事務所　林勝安律師

出版日期　2014年10月初版一刷

定　　　價　新臺幣600元